中等职业学校机械类专业通用
全国技工院校机械类专业通用（中级技能层级）

金属材料与热处理课教学参考书

——与金属材料与热处理（第八版）配套使用

韩志勇　主编

U0213649

中国劳动社会保障出版社

简介

本书为中等职业学校机械类专业通用教材/全国技工院校机械类专业通用教材（中级技能层级）《金属材料与热处理（第八版）》的配套用书，供教师在教学中使用。

本书按照教材章节顺序编写，内容安排力求体现教材的编写意图，以期为教师提供多方面的帮助。书中每章包括"教学目的""重点和难点""学时分配表""教材分析与教学建议"等内容，还附有配套习题册的参考答案。

本书由韩志勇任主编。

图书在版编目（CIP）数据

金属材料与热处理课教学参考书：与金属材料与热处理（第八版）配套使用/韩志勇主编. -- 北京：中国劳动社会保障出版社，2024. -- ISBN 978-7-5167-6626-2

Ⅰ.TG14；TG15

中国国家版本馆 CIP 数据核字第 20242AV745 号

中国劳动社会保障出版社出版发行

（北京市惠新东街1号　邮政编码：100029）

*

北京昌联印刷有限公司印刷装订　　新华书店经销

880 毫米×1230 毫米　32 开本　4.875 印张　120 千字

2024 年 9 月第 1 版　　2024 年 9 月第 1 次印刷

定价：**15.00** 元

营销中心电话：400-606-6496

出版社网址：http://www.class.com.cn

http://jg.class.com.cn

目　录

绪论 ………………………………………………………… （ 1 ）

第一章　金属的结构与结晶 …………………………… （ 7 ）

　§1－1　金属的晶体结构 ………………………… （ 8 ）

　§1－2　纯金属的结晶 …………………………… （ 11 ）

　§1－3　观察结晶过程（试验） ………………… （ 14 ）

第二章　金属材料的性能 ……………………………… （ 15 ）

　§2－1　金属材料的损坏与塑性变形 …………… （ 16 ）

　§2－2　金属材料的力学性能 …………………… （ 20 ）

　§2－3　金属材料的物理性能与化学性能 ……… （ 34 ）

　§2－4　金属材料的工艺性能 …………………… （ 36 ）

　§2－5　力学性能试验 …………………………… （ 37 ）

第三章　铁碳合金 ……………………………………… （ 38 ）

　§3－1　合金及其组织 …………………………… （ 39 ）

　§3－2　铁碳合金的基本组织与性能 …………… （ 42 ）

　§3－3　铁碳合金相图 …………………………… （ 43 ）

　§3－4　观察铁碳合金的平衡组织（试验） …… （ 49 ）

第四章　非合金钢 ……………………………………… （ 50 ）

　§4－1　杂质元素对非合金钢性能的影响 ……… （ 51 ）

　§4-2　非合金钢的分类 ………………………… （54）

　§4-3　非合金钢的牌号与用途 ………………… （54）

　§4-4　低碳钢与高碳钢的冲击试验 …………… （57）

第五章　钢的热处理 ……………………………… （60）

　§5-1　热处理的原理与分类 …………………… （61）

　§5-2　钢在加热与冷却时的组织转变 ………… （62）

　§5-3　热处理的基本方法 ……………………… （66）

　§5-4　钢的表面热处理与化学热处理 ………… （71）

　§5-5　零件的热处理分析 ……………………… （73）

　*§5-6　钢的热处理（试验） …………………… （75）

　*§5-7　参观热处理车间 ………………………… （75）

第六章　低合金钢与合金钢 ……………………… （76）

　§6-1　合金元素在钢中的作用 ………………… （77）

　§6-2　低合金钢与合金钢的分类和牌号 ……… （79）

　§6-3　低合金钢 ………………………………… （80）

　§6-4　合金结构钢 ……………………………… （82）

　§6-5　合金工具钢 ……………………………… （83）

　§6-6　特殊性能钢 ……………………………… （86）

　*§6-7　钢的火花鉴别（试验） ………………… （87）

第七章　铸铁 ……………………………………… （88）

　§7-1　铸铁的组织与分类 ……………………… （89）

　§7-2　常用铸铁 ………………………………… （91）

　*§7-3　铸铁的高温石墨化退火（试验） ……… （94）

第八章　有色金属与硬质合金 …………………… （95）

　§8-1　铜与铜合金 ……………………………… （96）

§8-2　铝与铝合金 ……………………………… （ 98 ）

§8-3　钛与钛合金 ……………………………… （ 99 ）

§8-4　滑动轴承合金 …………………………… （100）

§8-5　硬质合金 ………………………………… （101）

§8-6　常用有色金属与硬质合金的
性能（试验）……………………………… （101）

*第九章　国外金属材料牌号及新型工程材料简介 …… （102）

§9-1　国外常用金属材料的牌号 ……………… （103）

§9-2　新型工程材料 …………………………… （104）

附录　《金属材料与热处理（第八版）习题册》
参考答案 ………………………………… （105）

绪　　论

一、教学目的

1. 明确学习本课程的目的。
2. 了解本课程的基本内容、特点及学习方法。

二、重点和难点

1. 重点
对金属及合金的初步认识。

2. 难点
金属材料的组织、性能、热处理工艺及相互间的关系。

三、学时分配表

章节内容	总学时	参观学时	授课学时
绪论	2	1	1

四、教材分析与教学建议

1. 绪论对于教材的作用如同广告对产品的作用，首先要激发学生对本学科的学习兴趣，为学好本门课程做好铺垫。可以先带领学生参观实习工厂，并观察教室的风扇、灯罩、门窗等，然后提出问题，例如"自行车的中轴和挡泥板可否采用同样的材料？为什么？"使学生对金属材料和热处理在工业生产和日常生活中的重要作用有一定的认识。

2. 讲解课程的基本内容时，可参照目录，并讲明必学和选学章节以及全书的课时分配。对于绪论中出现的基本术语，学生第一次接触，很难理解，有些可做简单解释（如铁匠打好农具后，趁热浸入水中，其目的是提高农具的强度和硬度，这就是简单的热处理），有些可留待后续课程详细解释。可通过设计弯折不同材料的小试验让学生了解不同的材料具有不同的性能，相同的材料如经过不同的热处理也会产生组织和性能的变化，从而满足各种实际使用的需要。

讲解本课程的学习特点时，要强调课程本身的特点是理论性强，比较抽象，因此，应特别注意理论联系实际。让学生明确，要抓住整本书的主线，即材料成分—组织—性能—性能改造（热处理）—合理应用，提醒学生在实习生产中善于观察，勤于思考，不断提出问题，并用所学知识解决一些实际问题。例如，实习生产中，待切削工件的材料种类多种多样，不同的工件材料应该选用适合的刀具材料等。注意将理论教学与实习生产结合起来，强调理论知识的灵活运用，培养学生分析问题和解决问题的实际能力。

3. 通过人类对金属材料应用历史及秦始皇陵铜车马金属加工水平的介绍，既可让学生了解材料的发展史和材料未来的发展方向，又可让学生了解中华民族的古代文明和现代科技发展状况，从而进一步激发学生学习本课程的兴趣。

阅读材料

金属材料与热处理课教学方法浅探
作者：陈志毅

多数学生在金属材料与热处理这门课程的学习中都会感到比较难，归其原因主要与这门课程的特点有关，该课程主要有以下几个特点。

第一，内容庞杂，理论性强，名词概念多。该课程涉及冶金学、金属学、材料学、力学、物理学、化学及工艺学等多方面的基础知识，是一门综合性很强的课程，其中每一章节均涉及大量的新概念和新名词。这给初学者带来较大的困难。

第二，课程实践性强，与生产实践关系密切，相关理论在生产实践中有很大的灵活度和综合性。这对实践经验和系统理论都不具备的学生而言，学习起来就有相当大的难度。

第三，相关理论的系统性强，结构严密，前后内容密切相关。学生要想学好这门课程，不但要系统掌握相关理论知识，而且要具有一定的分析、综合与总结的能力。

因此，教学中教师应注意各种教学方法的合理应用。

一、注重设问，启发学生的思维

由于课程的内容多、容量大，学生对新概念的掌握往往出现生吞活剥、死记硬背或似是而非、张冠李戴的现象。因此，我们在教学中应特别强调让学生在理解的基础上去记忆。为了加强学生的理解，在讲清概念的基础上应注意采用各种教学方法和教学手段去启发和引导学生，充分调动学生的主动思维，积极展开课堂上的师生对话。

如在力学性能一章的教学中，在讲清强度、硬度、塑性、韧性等基本概念的基础上进一步展开相应力学指标测试方法的教学时，便可从已掌握的基本概念出发，启发学生设计测试方法，再加以引申归纳。

例如，硬度——材料抵抗局部变形（特别是塑性变形）、压入或划痕的能力。因此，在讲硬度的测试方法时就可通过先提出以下的问题来启发学生：

你如何挑选软柿子和硬柿子？

你如何比较石头和玻璃哪个更硬？

给篮球打气时，你是如何检验篮球硬度的？

通过学生对这三个生活中熟悉问题的思考与回答，教师便可很自然地引出硬度测试的三种基本方法，即压入法（布氏硬度、洛氏硬度和维氏硬度）、划痕法（莫氏硬度）、回跳法（肖氏硬度）。这样学生便对硬度测试的原理有了较具体的认识，再通过对不同测试方法具体条件、应用范围和测试特点的讲解，学生对新知识便有了"一见如故"的感觉。

二、通过提问和演示强化教学效果

教学中的提问主要有两大作用：一是检查学生对所学内容的掌握情况，通过提问过程中的启发、引导和错误纠正，督促学生准确掌握重要的概念；二是便于新课的导入，通过提问使学生对新旧知识进行有效的衔接，便于学生理解新知识。因此，教师在备课时对课堂上所提出的问题内容、时机要事先做好准备，应选择那些重点、难点及可以起到承上启下作用的内容作为课堂提问的问题，应避免课堂提问的随意性。

另外，恰当的课堂演示，可把一些深奥难懂的问题直观地反映出来，使学生通过感性认识加深对知识点的理解，从而达到深入浅出的教学效果。

例如，在讲授"韧性"的相关概念时，首先应让学生了解不同的材料对于不同载荷的抵抗能力是不同的。可通过下面的演示试验加以验证。

演示1：在等长等粗的一根粉笔和一块橡皮泥上挂吊砝码，结果橡皮泥很快就不堪重负，弯曲折断了，而粉笔没有折断。这说明在静载荷作用下橡皮泥的强度远低于粉笔。

演示2：用手指轻弹橡皮泥和粉笔，结果是橡皮泥产生了弯曲但并没有断裂；粉笔立即断成两截飞出。结论是在冲击载荷作用下，橡皮泥的抗冲击能力优于粉笔。

通过演示比较，学生立即就感受到了"不同载荷作用下截然不同的抵抗效果"。从而引出韧性的概念——材料抵抗冲击载荷作用而不破坏的能力称为冲击韧性，并进一步引出冲击韧性的测试方法及相关指标。

事实证明，这种简单的演示试验，对帮助学生准确地理解和掌握概念能起到不可小视的作用。

另外，在教学过程中还应注重联系学生已有的感性知识和生活经验来帮助学生加强对新知识的理解。如讲解塑性变形时可用"拉面"举例，讲解金属材料的组织时可以"混凝土"为例等。利用这些学生熟悉的事情举例，既容易引发学生的兴趣和联想转移，又可活跃课堂的学习气氛，从而达到加深学生理解和记忆的目的。

三、重视试验教学，加强素质教育

试验教学中学生自己动手实践，促进了学生学习的主动意识，强化了分析解决实际问题的能力，加深和巩固了学生对所学理论知识的理解，如低碳钢的拉伸试验、不同热处理状态下同一材料的硬度测试。通过学生在试验过程中动手操作和进行数据处理，便可达到以下目的：

熟悉试验设备和操作步骤。

加深对相应力学指标的理解。

掌握数据采集和处理的方法，深化对相关公式的理解。

为后续课程的教学埋下伏笔，使学生真实感受到热处理对金属材料性能产生的神奇作用。

另外，在试验中可能还会遇到一些意想不到的"意外"问题，如拉伸时试样没有在中间部位缩颈断裂，而在一侧发生了断裂；洛氏硬度测试出现数据波动等。教师只要有针对性地进行引导和分析，做出合理的解释，就能在无形中教给学生许多综合分析、解决问题的方法，增加学生对本课程的学习兴趣。

四、合理运用多媒体教学，强化课堂教学效果

多媒体教学具有可视性强的特点，在教学中可将金相显微组织、炼钢、轧钢过程，热处理的操作过程，力学试验，材料的火花鉴定等课堂上利用陈述性表达无法取得满意效果的教学内容，通过多媒体教学的方法加以展现，使教学空间得到广阔的延伸，使学生不出教室便可置身于试验室和工厂的车间之中，从而使学

生所学到的知识更贴近生产实践。

五、引入"互联网+"技术，进一步拓宽教学资源，增强学生的感性认识

在教材中使用了二维码技术，对教材中的教学重点、难点、抽象的知识点制作了动画，如常见的三种金属晶格类型、金属的结晶过程、晶粒的吞并与长大、火焰加热表面淬火、气体渗碳等。学生通过使用移动终端扫描二维码即可在线观看相应内容。其特点在于能同步响应、实时快速、操作方便、形象直观，更有利于学生对知识的掌握及对学习产生浓厚的兴趣，更能够增加师生之间、学生与网络之间的互动，从而达到课堂整体互动的效果。学生也可以在有网络的情况下，利用智能手机根据个人情况有选择地进行学习，真正做到随时随地的碎片化学习。

第一章 金属的结构与结晶

一、教学目的

1. 熟悉金属的晶体结构，了解晶体的缺陷。

2. 了解纯金属的结晶过程，掌握金属晶粒的大小对其性能的影响。

3. 掌握生产中常用细化晶粒的方法及纯铁的同素异构转变。

二、重点和难点

1. 重点

熟悉金属的晶体结构、了解晶体的缺陷是学习和掌握金属力学性能特点及变化的前提。掌握纯金属的结晶过程可为铁碳合金相图的理解打好基础，铁的同素异构转变特性是钢能够通过热处理改变组织和性能的根本原因。因此，晶体缺陷和结晶过程的教学内容是本章重点。

2. 难点

纯金属的结晶过程和纯铁冷却曲线为本章难点。

三、学时分配表

章节内容	总学时	授课学时	试验学时
§1–1 金属的晶体结构		4	
§1–2 纯金属的结晶	10	4	
§1–3 观察结晶过程（试验）			2

四、教材分析与教学建议

通过绪论教学时的性能比较试验，学生已经感受到了不同材料的性能差异，那么不同的材料为什么会有如此大的性能差异，甚至同一种材料在不同状态下也会产生性能的变化？例如，常说要"趁热打铁"，那么为什么打铁要将铁在炉火中加热、烧红呢？教师可通过生产、生活中与金属性能相关的种种现象来引发学生去探索这些奥秘的兴趣，再向学生从宏观的现象到微观的结构逐渐揭示材料的性能取决于它们的化学成分、组织结构以及热处理方法的实质，揭示材料变形及破坏的根本原因。

§1-1　金属的晶体结构

一、晶体与非晶体

在学习专业知识之前，学生往往认为天然的、外形规则的固体是晶体，在学过本节之后，应明确晶体与非晶体的本质区别在于其内部原子的排列是否规则。晶体的外形可以是规则的，也可以是不规则的，这与晶体的形成条件有关。一般情况下，固体金属及其合金都是晶体。可列表对晶体与非晶体进行比较（见表1-1）。

表1-1　　　　　　　　　晶体与非晶体的比较

金属结构	内部原子排列	有无固定熔点	不同方向的性能
晶体	规则	有	各向异性（或假无向性）
非晶体	不规则	无	各向同性

二、晶格与晶胞

晶格是为了研究问题方便而假想的空间格架，晶胞则是这个空间格架的最小几何单元。不同的晶体物质有不同的晶格形式，也就有了不同的性能。此部分应充分利用教具、挂图、多媒体、扫描二维码等教学方式，帮助学生理解课程内容。

三、金属的晶格类型

此部分可借助教具或扫描二维码，结合教材表 1 - 2 讲清常见的三种金属晶格类型及对应的典型金属，并使学生明确固态金属都是晶体，且晶体结构大多属于此三种类型。至于三种晶胞的原子个数，不能简单地拿出一个晶胞来算，可结合教材表 1 - 2 中晶胞原子个数的图示进行讲解。

四、单晶体与多晶体

金属结晶时，位向相同的原子聚集为一个晶粒，由于每个晶粒的位向不同，形成的晶粒之间有了明显的分界面，即晶界。具有多晶粒的晶体即为多晶体。实际金属一般为多晶体，因而具有各向同性。金属的各向同性对其使用性能有很大好处。

五、晶体的缺陷

应使学生明确，内部原子完全规则排列的晶体是理想晶体，在自然界中几乎不存在。目前只能靠人工方法制成单晶体，且其内部也存在一些难以避免的结构缺陷。实际使用的金属材料，由于在冶炼时人为地加入其他种类原子或熔液凝固时受到各种因素的影响，会产生很多结构缺陷。而这些缺陷的存在，会造成不同程度的晶格畸变，引起塑性变形抗力增大，从而使金属的强度提高。教学中教师可要求学生通过扫描二维码更加直观地理解晶体的缺陷。

1. 点缺陷

点缺陷包括空位、间隙原子和置代原子。应讲明金属晶格中的原子并不是固定不动的，它们时刻都在以平衡位置为中心的微小范围内做热振动，具有一定的动能并与周围原子通过一定的结合力而互相束缚，一旦外界条件改变（如温度升高），有些原子的动能增加到足以冲破周围原子的束缚，便脱离原来的平衡位置，使晶体中出现了空的节点，即空位。离位的原子可能移到晶体的表面上，也可能跳到晶格的间隙位置，形成间隙原子。当金属中含有杂质，而这些杂质原子又相当小时，这些杂质原子往往存在于金属晶格的间隙中，就成为间隙原子。例如，钢中的碳、氢、氧便是以这种方式溶于铁中，铁素体中的碳也是以间隙原子的形式出现的。异类原子占据晶格的节点位置的缺陷称为置代原子，如铜和锌、铁和铬，其原子可互相置代。另外，晶体中的空位和间隙原子处于不断运动和变化中，这也是金属晶体中原子扩散的主要方式，这一点对于热处理极为重要。

2. 线缺陷

线缺陷包括刃位错、螺旋位错和层错。教材中提到的刃位错，可参见教材表 1 – 3 中的图形，多出的原子面像刀刃一样插入晶体内部，使其附近区域发生晶格畸变。其特点是位错很容易在晶体内部移动。金属的塑性变形就是通过位错移动来实现的。

3. 面缺陷

面缺陷包括晶界和亚晶界。晶界是金属晶体中相邻晶粒之间的分界面，也是不同位向晶粒间的过渡层。由于此处原子排列不规则，所以晶界具有不同于晶粒内部的特性，如晶界易被腐蚀（此处原子活泼，易参加化学反应）、熔点较低（热处理加热时易被熔化）、易发生相变等。亚晶界是晶粒内部小晶块之间的分界面，因此亚晶界处的原子排列也是不规则的。

要强调指出，晶界和亚晶界处的晶格畸变严重，会对金属材料的塑性变形起阻碍作用，使该处的强度和硬度比晶粒内部高，因此晶粒越细，晶界、亚晶界越多，金属材料的强度越高。

§1-2　纯金属的结晶

从市场上买到的金属材料一般都是固体状态的，但在金属材料冶炼的过程中，却存在一个由液态向固态转变的过程，即金属的结晶过程。了解纯金属的结晶过程，有助于了解铁碳合金的结晶过程，它们都有一定的变化规律，这些规律与金属材料的性能有着密切的关系。

*一、纯金属的结晶过程

1. 冷却曲线

金属由液态转变为固态的结晶过程是在冷却时发生的。冷却时，液体温度随着时间延长而降低，反映时间与温度关系的曲线称为冷却曲线。冷却曲线可通过热分析法确定。图1-1所示为热分析装置示意图。

将纯金属加热熔化为液体，然后缓慢冷却，每隔一定时间测量一次温度，将记录下来的数据描绘在温度—时间坐标图中，即获得纯金属的冷却曲线，如图1-2所示。应提醒学生注意，纯金属的冷却曲线有其独特的特点，即结晶过程（见图1-2中的 ab 段）是在某一恒定温度下进行的（这一点与合金不同），这是由于结晶过程中释放出的结晶潜热抵消了散失在空气中的热量。

2. 过冷度

纯金属都有固定的熔点，即理论结晶温度。但实际结晶温度要低于理论结晶温度，两者的差值即过冷度。任何金属结晶时都有过冷度。同一金属的过冷度会因每次试验时的冷却速度不同而变化，即过冷度的大小与冷却速度相关，冷却速度越大则过冷度越大，冷却速度越小则过冷度越小。

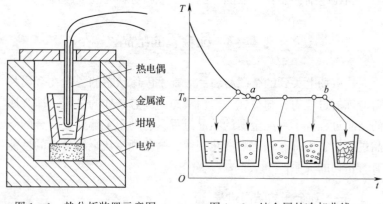

图 1 - 1　热分析装置示意图　　图 1 - 2　纯金属的冷却曲线

3. 结晶过程

纯金属的结晶过程是在冷却曲线的水平段内发生的。实际上是新晶核不断产生，同时旧晶核不断长大的过程。有限的待固化液体被两者（新核形成、旧核长大）瓜分，若前者快，则结晶后得到的金属晶粒数目多，晶粒细；若后者快，则结晶后得到的金属晶粒数目少，晶粒粗。因此，可利用此现象人为控制晶粒大小。

二、晶粒大小对金属材料的影响

此部分要讲清的两个问题是：

1. 一般金属材料的晶粒组织较细则其强度、硬度、塑性、韧性都会较好。这点较抽象，学生不易理解，可列举生活中常见的现象类比说明，如细纱（指经合股后的织物）比同样粗细的单股织物结实、耐用。

2. 为得到细晶粒的金属材料组织，可以人为进行控制。要着重分析各种控制方法。

三、同素异构转变

1. 同素异构转变的概念

大多数金属在结晶终了之后及继续冷却的过程中，其晶体结构不再发生变化，但也有一些金属（如 Fe、Co、Ti、Mn、Sn 等）在结晶之后继续冷却时，还会出现晶体结构变化，从一种晶格转变为另一种晶格。金属在固态下随着温度的改变由一种晶格转变为另一种晶格的现象称为同素异构转变。由此产生的不同晶格的晶体称为同素异构体。由于结构不同，同素异构体之间具有不同的性能。

2. 纯铁的同素异构转变

教学中可利用挂图或借助扫描二维码，对纯铁的冷却曲线进行讲解，要注意讲明以下几点。

（1）几条特殊恒温线：1 538 ℃——纯铁的理论结晶温度，此线以下为体心立方晶格的 δ – Fe；1 394 ℃——同素异构转变温度，此线以下转变为面心立方晶格的 γ – Fe；912 ℃——同素异构转变温度，此线以下转变为体心立方晶格的 α – Fe。

同一金属的同素异构体按其稳定存在的温度，由低温到高温依次用希腊字母 α、γ、δ 等表示。

770 ℃——纯铁磁性转变的临界温度，此线以下纯铁才具有磁性，此点称为居里点。

（2）纯铁的同素异构转变是可逆的，即降温和升温时都会发生，升温是降温的逆转变。

（3）正是由于纯铁能够发生同素异构转变，才可能利用热处理使钢和铸铁改变其组织和性能。

3. 同素异构转变的特点

（1）金属的同素异构转变是一个重结晶过程，与液态金属的结晶过程相似，有恒定的转变温度；转变时需要一定的过冷度；释放结晶潜热；转变过程包含形核和长大两个过程。

（2）同素异构转变时，晶核优先在原晶粒的晶界处产生，原晶粒的大小会影响新晶粒的大小，原晶粒细，转变后可得到更细小的晶粒。

（3）同素异构转变比液体的结晶具有更大的过冷度。这是因为在固态下原子的扩散比在液态下困难，转变容易滞后的缘故。

（4）同素异构转变容易产生较大的内应力。这是由于在转变时晶格的体积会发生变化的缘故。例如，$\gamma-Fe$ 转变为 $\alpha-Fe$ 时，体积膨胀约 1%。

§1-3　观察结晶过程（试验）

在有条件的情况下，通过组织学生观察透明盐类的结晶过程及组织特征的试验，帮助学生理解金属的结晶理论，建立感性认识；通过观察锑铸锭的表面，建立金属晶体以树枝状形态成长的直观概念。

第二章　金属材料的性能

一、教学目的

1. 了解机械零件失效的形式，了解金属材料塑性变形的基本原理及冷塑性变形对金属材料性能的影响。

2. 掌握金属材料常用力学性能指标的含义、符号和工程意义。

3. 了解金属材料拉伸试验、硬度试验和冲击试验的工作原理。

4. 了解金属材料的物理性能、化学性能、工艺性能及其相关影响因素。

二、重点和难点

1. 重点

本章的重点为力学性能的强度、塑性、硬度、冲击韧性、疲劳强度等概念及各项力学性能的衡量指标。

2. 难点

本章的难点是对拉伸曲线各阶段的分析。

三、学时分配表

章节内容	总学时	授课学时	试验学时
§2−1　金属材料的损坏与塑性变形		2	
§2−2　金属材料的力学性能		4	
§2−3　金属材料的物理性能与化学性能	12	2	
§2−4　金属材料的工艺性能		2	
§2−5　力学性能试验			2

四、教材分析与教学建议

生产生活中常见到一些机械零件因受力过大被破坏而失去了工作能力。例如，拧断的钥匙、弯曲的自行车辐条、滑扣的螺栓等。总结机械零件常见的损坏形式有三种：变形、断裂和磨损。虽然机械零件损坏的原因较复杂，但主要原因是材料的实际使用性能达不到工作要求。金属材料的性能主要分为使用性能和工艺性能。使用性能是指为保证机械零件或工具正常工作金属材料应具备的性能，它包括力学性能、物理性能、化学性能等。使用性能决定了金属材料的应用范围、安全可靠性和使用寿命等。本章仅对使用性能中的力学性能做重点介绍。工艺性能是指金属材料在被加工成机械零件或工具的过程中，对各种加工方法的适应能力。特别需要提醒教师的是，由于贯彻新国家标准的需要，教材中的力学性能指标、符号及定义都与旧国家标准相比有了很大变化。另外，力学试验对帮助学生理解力学性能的指标、概念具有非常重要的意义，通过试验可让学生在实践环节中加深对理论知识的理解，帮助学生掌握一定的试验操作技能，提高学生学习的兴趣和加强学习的效果。

§2-1　金属材料的损坏与塑性变形

本节主要内容包括金属材料损坏的形式、变形的概念与本质、冷塑性变形和加工硬化现象等。要讲清这些内容，首先应了解一些基本概念，如载荷、内力、变形（弹性变形和塑性变形）、应力等。不要把这些概念生硬地塞给学生，可以结合实例（如受到人体重力作用时变形的单杠等）讲解。

另外，应注意，变形这一概念放到了教材表2-1的说明中，教学时应注意对表格中相应内容的讲解。

一、与变形相关的概念

1. 载荷

应先复习力的概念，说明物体受力后宏观上会改变其运动状态，微观上会发生几何尺寸或形状的变化——变形。材料学是从微观角度来研究物体受外力后发生变形甚至破坏的规律。工程技术中将外力称为载荷，按其作用性质介绍载荷的分类时，学生不易理解，可围绕定义举例，用学生身边熟悉的东西进行分析比较。例如，讲静载荷时，可分析讲台上粉笔盒的受力，再用双手拉住一根粉笔两端缓慢施力；讲冲击载荷时，可用一只手捏住一支粉笔的一端，然后用手指去弹击粉笔；讲交变载荷时，则可在黑板上绘图分析自行车轮转动时辐条的受力情况，如图2-1所示。通过对这些不同载荷的演示分析，不但便于学生理解记忆，同时直观地让学生感受到了不同载荷对材料所产生的不同破坏效果，为接下来所涉及的力学性能相关概念的讲解做好铺垫。

图2-1   自行车轮转动时辐条的受力情况

2. 内力

材料受外力作用时，为保持其不变形，在材料内部产生的与外力相对抗的力，称为内力。任何一种材料，在未受到外力作用时，内部原子之间都有平衡的相互作用的原子力，以保持其固定的形状。当受到外力作用时，原来的平衡被破坏，其中任何一个小单元都和邻近的各小单元之间产生了新的力（内力）。因此，在讲解内力定义时，一定要强调是在外力作用下，材料内部产生的那部分相互作用力。内力的特点是：

（1）外力增加时内力也增加，其数值大小与外力相等，当内力达到其极限值时，若外力再增加，材料将被破坏。

（2）内力的作用方式随外力作用方式的变化而变化。如材料在某一方向所受外力为拉力，则材料内部每一层间也互相产生拉力；若外力为压力，内力也为压力。

3. 应力

单位截面积上的内力称为应力。应力的单位有帕（Pa）、千帕（kPa）和兆帕（MPa），其换算关系为 $1\ kPa = 1 \times 10^3\ Pa$、$1\ MPa\ (1\ N/mm^2) = 1 \times 10^6\ Pa$。应力是一个非常重要的概念，以后要多次用到，因此一定要使学生明确。用应力可以表示不同材料的承力能力（见各种手册中的强度指标），也可以表示在现有外力作用下材料内部单位面积的受力（工作应力）。计算公式 $R = F/S$ 中直接用外力计算，是因为内力与外力相等。由于学生第一次遇到应力概念，因此可多举实例（如不同材料、相同截面积、相同外力作用结果和同一材料、相同截面积、不同外力作用结果等的比较），以帮助学生理解应力。

二、金属材料的变形

1. 弹性变形与塑性变形

弹性变形和塑性变形是两个十分重要的概念，为帮助学生理解，教师可利用一根铁丝用手做弯曲试验，当铁丝受力较小时产生微量变形，撒手后铁丝恢复原状，这就是弹性变形；若铁丝受力较大而产生弯曲，撒手后铁丝不能恢复原状，此时即发生了塑性变形。

随着力的增大，材料受力后发生变形到破坏的顺序是：弹性变形（可逆，一般变形量不大于1%，不能使金属材料成形）、弹塑性变形（变形量较大，多数变形是不可逆的，是压力加工的基础）、断裂（材料最严重的失效形式）。

2. 晶粒对塑性变形的影响

多晶体的塑性变形与单晶体比较，并无本质的区别，即每个晶粒的塑性变形仍以滑移为主，但又受到晶界、晶粒位向和晶粒大小的影响。教学过程中，教师应讲清多晶体的晶界及晶格位向不同时对塑性变形的影响，并在此基础上对金属材料的粗、细晶粒进行分析，从而使学生明确细晶粒金属材料具有较高的强度、塑性及韧性。

三、金属材料的冷塑性变形与加工硬化

冷塑性变形对金属材料组织结构的影响主要有两个方面：一方面是产生纤维组织，即金属材料在外力的作用下，外形和尺寸会发生变化，其内部晶粒也由原先的等轴晶粒逐渐改变为沿变形方向被拉长或压扁的晶粒。当变形量很大时，晶粒被拉成纤维状，在光学显微镜下晶界变得模糊不清，已很难分辨，称之为纤维组织。另一方面是随着变形量的增大，晶粒破碎，位错密度增加，使金属材料的变形抗力增加，产生形变强化或称加工硬化。

冷塑性变形对金属材料组织结构的影响是形变强化造成的，即随着变形程度的增加，金属材料的强度、硬度升高，塑性、韧性下降。另外，由于形变强化产生的晶格畸变，使金属材料的组织处于不稳定状态，产生残余内应力，容易发生破坏。

形变强化不仅存在于冷变形加工中，也存在于切削加工中，是强化金属材料的手段之一。对于一些纯金属或合金（如工业纯铝、不锈钢、黄铜等），不能通过热处理来提高强度，可借助冷塑性变形来提高强度。又如制造小型弹簧的冷拉钢丝，成形后

无须热处理，即可满足强度要求，这是因为钢丝在冷拉的过程中，因为变形而具有很高的强度和硬度。另外，形变强化产生的残留内应力，使金属材料的组织处于不稳定状态，并存在向稳定状态转变的趋势，会使工件的尺寸和形状发生变化，因此，一些高精度工件必须有中间热处理工序。加工硬化会增加刀具的磨损，也会使冷成形工艺增加能耗，因此生产中应趋其利避其害。

§2-2　金属材料的力学性能

一、强度

1. 强度的概念

金属材料在静载荷作用下抵抗塑性变形或断裂的能力称为强度。强度是力学性能的一个重要指标。在教学中，要使学生明确载荷会使材料产生变形甚至破坏，但当载荷在一定限度内，金属材料具有抵抗变形和破坏的能力，这种抵抗能力就称为强度。不同的材料，其抵抗能力不同。材料的强度越高，则抵抗能力越强，越不容易被破坏，即承载能力越强。

2. 强度的测定

根据载荷的作用形式不同，强度可分为抗拉强度、抗压强度、抗弯强度、抗剪强度、抗扭强度和抗疲劳强度等。一般将抗拉强度作为材料的强度衡量指标。抗拉强度是通过试验测定的。为了使试验结果具有公认性，做拉伸试验时必须采用标准规定的拉伸试样，取样方法见《钢及钢产品　力学性能试验取样位置及试样制备》（GB/T 2975—2018）。标准中规定了机加工试样的尺寸、形状、过渡半径、公差要求和表面粗糙度等。一般采用满足 $L_0 = K \sqrt{S_0}$ 的比例试样，其中，L_0 为试样原始标距；S_0 为试样原始横截面积；K 为比例系数，一般国际上采用 $K = 5.65$（对应

旧标准的 σ_5），特殊情况下选用 $K = 11.3$（对应旧标准的 σ_{10}），所获得的相应力学性能指标应在符号后加注角标 11.3，如 $A_{11.3}$。试验方法见《金属材料　拉伸试验　第 1 部分：室温试验方法》（GB/T 228.1—2021）。进行拉伸试验时，拉伸试验机会自动绘制出拉伸曲线。由于低碳钢的拉伸曲线比较典型，所以试验一般用低碳钢作为试样。教学中最好准备出各阶段的试样，如原始试样、屈服后的试样、发生颈缩但没有断裂的试样和断裂后的试样，配合拉伸曲线进行讲解，试验条件不具备的可通过扫描二维码，观察拉伸过程的四个阶段，以增加学生的感性认识。

同时还应指出，工业上使用的金属材料在进行拉伸试验时，其载荷与变形量之间的关系并非都与教材中的拉伸曲线相同，很多塑性材料没有屈服现象，某些脆性材料（如灰铸铁）断裂前不仅没有屈服现象，也不会产生颈缩现象。教学过程中可把低碳钢和铸铁的拉伸曲线进行比较，对比其特点，从而加深学生对拉伸曲线的理解。

3. 强度指标

常用的强度指标是屈服强度和抗拉强度。屈服强度的定义为：当金属材料呈现屈服现象时，在试验期间达到发生塑性变形而力不增加的应力点称为屈服强度。屈服强度又分为上屈服强度 R_{eH} 和下屈服强度 R_{eL}，当材料呈现单一屈服平台状态时，将其归入下屈服强度 R_{eL}，即旧标准的 σ_s。一般机械零件或工程构件大多为塑性材料，在使用过程中都不允许有较大的变形量，其工作应力必须小于材料的许用应力。否则，会因过量的塑性变形而丧失工作能力。材料的屈服强度越高，许用应力就越大，工件的截面积和自身的质量就可以减小，所以航天、航空等领域都需要大量的高强度材料。生活中常用的 15 钢等塑性材料，就是用屈服强度作为强度指标。

抗拉强度（R_m）的定义为"材料在断裂前所能承受的最大

力（F_m）的应力"。对于有明显屈服现象的材料，F_m 指试样在屈服阶段之后所能抵抗的最大力。而对于无明显屈服现象的材料，F_m 指试验期间的最大力。材料的抗拉强度越大，则抵抗断裂的能力越强，断裂前所能承受的应力值也越大。

规定塑性延伸强度 $R_{p0.2}$ 是针对没有屈服现象的金属材料而言的，可以在试验时测定。这些材料无法找到其屈服强度，则以非比例延伸率 $\varepsilon_p = \Delta L_e / L_e = 0.2\%$ 时的应力值来衡量其抗变形能力。

关于规定塑性延伸强度 $R_{p0.2}$，要注意区别于旧标准的屈服强度 $\sigma_{0.2}$ 的定义，这里延伸与伸长定义不同。试验时引伸计标距（L_e）的伸长称为延伸，试验时试样标距（L_o）的伸长称为伸长。由于要学生理解太多的术语很困难，可不必讲公式的来历，只要求明确其用途即可，但必须掌握屈服强度和抗拉强度的定义、计算公式和单位。

二、塑性

1. 塑性的概念

材料受力后在断裂前产生塑性变形的能力称为塑性。教师可准备同样粗细的一条线绳和一根搓好的面条，缓慢施力，先后将两者都拉断。结果一定很明显，拉断前面条伸长很多而线绳的伸长不明显。这说明面条的塑性好于线绳。在工程中，材料的塑性具有重要的实际意义。

（1）材料具有一定的塑性，有利于某些成形工艺（如冷弯、冷拉、冷挤压、冷冲、冷校直等）的顺利进行，以及一些修复工艺和装配工艺的顺利完成。

（2）机械零件或工程构件偶尔会发生过载，由此产生的塑性变形会伴随着出现形变强化，因而可避免工件突然断裂，保证设备的安全。

（3）由于机件不可避免地存在界面过渡、油孔、尖角、沟槽（如带有键槽的台阶轴），受力后会有严重的应力集中现象，若材料具有一定的塑性，会使应力集中部位产生局部塑性变形，可消减应力的峰值，使之重新分配，从而保证零件不致早期断裂。

（4）塑性指标可反映金属材料的供货质量和进行冷、热加工的难易程度。例如灰铸铁由于塑性、韧性低而不粘刀，极易切削。45 钢与 40Cr 钢比较，淬火硬度要求高时，前者由于塑性、韧性低而容易淬裂。

2. 塑性指标

衡量塑性的指标有断后伸长率 A 和断面收缩率 Z。断后伸长率是指试样拉断后，标距的伸长量与原始标距之比的百分率。断面收缩率是指试样拉断后，颈缩处面积变化量与原始横截面面积比值的百分率。A 和 Z 的数值越大，表示材料断裂前产生的塑性变形越大，塑性越好。要提醒学生注意，此处的两个指标既然是"百分率"，故是没有单位的。

常用强度、塑性指标的符号见表 2 - 1。

表 2 - 1　　　　　　　常用强度、塑性指标的符号

符号	说明
a_o	矩形横截面试样厚度
d_o	圆形横截面试样平行长度的直径
L_o	原始标距
L_u	断后标距
L_c	平行长度
L_e	引伸计标距
S_o	平行长度位置的原始横截面积
S_u	断后最小横截面积
Z	断面收缩率

符号	说明
A	断后伸长率
A_t	断裂总伸长率
F_m	最大力
R_{eH}	上屈服强度
R_{eL}	下屈服强度
R_m	抗拉强度
R_P	规定塑性延伸强度
KU 或 KV	冲击吸收能量

为了让学生熟记强度和塑性指标的计算公式及符号，建议除了详细讲解书中例题外，还应选习题册中的有关部分进行练习。

3. 硬度

硬度是指材料抵抗局部变形，特别是塑性变形、压痕或划痕的能力，它是衡量材料软硬程度的一种性能指标。测定硬度的方法很多，硬度值的物理意义随着试验方法的不同，其含义也不相同。硬度的试验方法基本上可分为三类：压入法，主要有布氏硬度、洛氏硬度、维氏硬度、显微硬度、努氏硬度等表征金属材料抵抗变形的能力；回跳式，如肖氏硬度；刻划法，如莫氏硬度，表征金属抵抗破裂的能力。上述硬度试验法分别适用于不同的工业生产领域，实际生产中压入法应用最广，因此教材中所述硬度为用压入法测定的硬度。

金属材料硬度虽然没有确切的物理意义，但其试验方法操作简便，且破坏性较小，因此应用十分广泛。另外，金属材料的硬度也与材料的抗拉强度、疲劳强度存在一定的对应关系。一般情况下，金属材料的硬度越高，则强度和耐磨性越高。机械制造中，为使工具和机械零件能正常工作，并保持一定的使用寿命，会对硬度值提出一定的要求，所以硬度是金属材料性能中一项重要的力学性能指标。

常用的硬度有布氏硬度、洛氏硬度和维氏硬度。

（1）布氏硬度

1）布氏硬度的测试原理。用规定直径的硬质合金球作为压头，以一定的试验力压入所测材料表面，经规定保持时间后，测量表面压痕直径，然后用公式计算硬度值，如图2－2所示（建议通过扫描二维码对原理图进行讲解，若能出示压头实物和有压痕的样块，效果更好）。在教学过程中，应使学生明确布氏硬度值就是以试验载荷除以球面压痕面积的商。载荷必须采用国际单位制中的牛顿（N），所以在计算布氏硬度值时公式右边要乘以0.102（1 N = 0.102 kgf）。其值可用以下公式求得：

布氏硬度值 $HBW = 0.102F/S = 0.102F/(\pi Dh)$

式中　　F——载荷，N；

S——压痕的表面积（球冠的曲面面积），mm^2；

D——压头的直径，mm；

h——压痕的中心深度，mm。

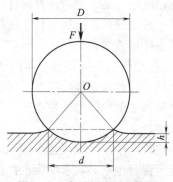

图2－2　布氏硬度测试原理

在实际测定时，由于测定压痕的中心深度 h 较困难，而测定压痕直径 d 却比较容易。因此，将上式中的 h 换算成 d，可得出下式：

$$h = D/2 - 1/2 \sqrt{D^2 - d^2}$$

故　　　　　　$$HBW = 0.102 \times \frac{2F}{\pi D (D - \sqrt{D^2 - d^2})}$$

由上式可见，只有 d（压痕直径）是变量，故试验时只要测量出 d，即可计算求得布氏硬度值。在生产实际中，布氏硬度值不是计算出来的，而是用专用刻度放大镜测量出压痕直径，然后根据压痕直径的大小查有关手册中的"压痕直径与布氏硬度对照表"，最后得出布氏硬度值。

2）布氏硬度的表示方法。按《金属材料　布氏硬度试验第 1 部分：试验方法》（GB/T 231.1—2018）规定，布氏硬度的符号用 HBW 表示。布氏硬度的表示方法一般包括四部分：第一部分为硬度的数值和符号，第二部分为压头直径（单位用 mm），第三部分为试验力（单位用 kgf），第四部分为试验力保持时间（单位用 s）。例如，170HBW10/1 000/30，表示用直径为 10 mm 的硬质合金测头，在 9 804 N（1 000 kgf）的试验力作用下，保持 30 s 时所测得的硬度值为 170。

为了保证同一材料采用不同的载荷和压头直径进行试验时，能得到相同的布氏硬度值，不但要考虑被测材料的种类、硬度值范围和材料厚度，所选用载荷、压头直径、加载时间等还应符合一定的规范。试验条件见教材表 2 - 10。

3）布氏硬度的应用范围和优缺点。布氏硬度主要适用于测定灰铸铁、有色金属、各种软钢等硬度不太高的材料。其优点是能较为准确地反映材料的平均性能。缺点是压痕的测量有时不够准确，而且测量时间较长。

在此部分内容的教学中，布氏硬度的测试原理要简单讲述，不必讲公式的推导过程，也不必要求学生记公式，但应要求学生熟悉布氏硬度的表示方法、应用范围和优缺点。

（2）洛氏硬度

洛氏硬度是目前应用最广的硬度试验方法，它是通过直接测量压痕的深度来确定金属材料硬度值的。此部分主要讲述其测试原理、常用标尺、使用范围和优缺点等。

1）洛氏硬度的测试原理。如图 2－3 所示，为保证压头与试样表面接触良好，试验时首先加初载荷（98.07 N），在金属材料表面得一压痕深度 h_1，此时调整指针在表盘的位置指零，这也表明压痕深度 h_1 不计入硬度值。然后加上主载荷（1 372.98 N），压头压入深度为 h_2，表盘上指针以逆时针方向转动到相应的刻度位置。当将主载荷卸去后，总变形中的弹性变形部分恢复，压头将回升一段距离（$h_2 - h_3$）。这时金属材料表面总变形中残留下来的塑性变形部分即残余深度 $h(= h_3 - h_1)$，而表盘上的指针将顺时针方向回转到一定位置，指针所指数值即代表 HR 硬度值。由此可以看出，在硬度计的表盘上可以直接读出洛氏硬度值。

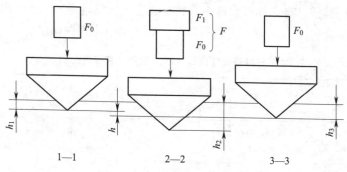

图 2－3　洛氏硬度的测试原理

讲原理时可以利用扫描二维码、挂图或在黑板上边画边讲。要着重讲清洛氏硬度值是由残余深度 h 来确定的，这与布氏硬度值的确定方法不同。讲述残余深度 h 的时候，应使学生认识到初载荷和主载荷的各自作用。残余深度 h 是表示被试金属材料产生塑性变形的深度，h 值越大，说明材料在外力作用下抵抗塑性变形的能力越小，而在表盘上指针所指示的洛氏硬度值 HR 也越小。洛氏硬度值可从硬度计对应标尺的刻度表盘上直接读出，不像布氏硬度值要用计算及查表等方法确定，所以更为简便。

2）洛氏硬度的标尺和表示方法。目前，金属材料洛氏硬度试验法执行《金属材料　洛氏硬度试验　第 1 部分：试验方法》（GB/T 230.1—2018）。洛氏硬度的标尺很多，常用的有 HRA、HRBW 和 HRC 三种，且以 HRC 用得最多。HRA 采用金刚石圆锥体压头，初载荷为 98.07 N，总载荷为 588.4 N。硬度值为 20～95HRA 时，所测材料可为硬质合金、碳化物、表面淬火钢、硬化薄钢板等。HRBW 采用直径为 1.587 5 mm 的硬质合金球压头，初载荷为 98.07 N，总载荷为 980.7 N，硬度为 10～100HRB 时，所测材料可为铜合金、退火钢、铝合金、可锻铸铁等。HRC 采用金刚石圆锥体压头，初载荷为 98.07 N，总载荷为 1 471.0 N，硬度为 20～70HRC 时，所测材料可为一般淬火钢、冷硬铸铁、珠光体可锻铸铁、钛合金等。教学过程中，这些内容可结合表 2－2，对三者进行比较，以帮助学生加深印象。

表 2－2　常用三种洛氏硬度标尺的试验条件和应用范围

标尺	硬度符号	压头类型	总载荷/N（kgf）	表盘刻度	测量范围	应用举例
A	HRA	120°金刚石圆锥体	588.4（60）	黑色	20～95	硬质合金、表面淬火钢等
B	HRBW	φ1.587 5 mm 硬质合金球	980.7（100）	红色	10～100	软钢、退火钢、铜合金等
C	HRC	120°金刚石圆锥体	1 471.0（150）	黑色	20～70	一般淬火钢

另外，应向学生讲清不同标尺的洛氏硬度值之间不能直接进行换算，如要比较它们的软硬程度，则需查阅有关手册。

洛氏硬度值的表示方法包括两部分，第一部分为硬度数值，第二部分为硬度标尺。例如，64HRC 表示用 C 标尺所测洛氏硬度值为64。若用 B 标尺，硬度标尺符号后面还要加"W"。例如 60HRBW 表示用 B 标尺采用硬质合金球压头，测定的洛氏硬度值为60。

3）洛氏硬度试验法的优缺点。洛氏硬度试验具有以下优点：因洛氏硬度试验有许多不同的标尺，压头有硬质、软质多种，可以测出从极软到极硬各种不同材料的硬度，不存在压头变形的问题；压痕小，对于一般工件不会造成损伤；操作简单、迅速，可直接得出硬度值，生产效率高，适于成批生产中的产品检验。缺点是采用不同的硬度标尺测得的硬度无法统一进行比较，不像布氏硬度从小到大可以统一比较。此外，因压痕小，对于具有粗大组织结构的材料（如灰铸铁和粗晶材料等），测试结果缺乏代表性，不宜采用此法进行检验。

另外，还应向学生指明洛氏硬度没有单位。

（3）维氏硬度

布氏硬度试验为了避免因测头产生永久变形而影响所测硬度值的准确性，只可用来测定硬度小于 650HBW 的金属材料。而洛氏硬度试验虽然可用来测定各种金属材料的硬度，但需采用不同的压头和总载荷，不同标尺的硬度值之间没有可比性。为了使从软到硬的各种金属材料有一个连续一致的硬度标准，相应制定了维氏硬度试验法。

1）维氏硬度的测试原理。维氏硬度的测试原理与布氏硬度测试原理基本相同，也是根据试验载荷除以压痕表面积所得的商来确定硬度值。在实际生产中，也是通过测压痕对角线长度，查表求得硬度值。但维氏硬度试验操作较为复杂，对工件表面质量要求较高。《金属材料　维氏硬度试验　第 1 部分：试验方法》（GB/T 4340.1—2024）中规定了其试验方法。

2）维氏硬度的表示方法。维氏硬度的表示方法基本上与布氏硬度相同。

3）维氏硬度试验法的优缺点。与布氏硬度试验相比，维氏硬度试验时所加的试验力较小，压入深度较浅，因此可以测量较薄的材料，也可以测量表面渗碳、渗氮层的硬度。压头直径的大小不受约束，也不存在压头变形的问题。与洛氏硬度试验相比，其不存在硬度值无法统一的问题。维氏硬度数据稳定，测量精度高。维氏硬度试验法的缺点是测量硬度值需测量压痕对角线的长度，时间长，效率低。

在教学过程中，上述三种硬度讲完后，应总结比较各种硬度试验的优缺点、硬度值的表示方法、应用范围等重点内容，并提出一些实际问题让学生思考，例如测定灰铸铁的硬度应该用什么方法，测定淬火钢制零件（如块规）的成品应该用什么方法，测定黄铜等有色金属材料的硬度可用什么方法等。

4. 冲击韧性

在实际生产中，许多机械零件工作时要受到冲击载荷的作用，如汽车的前桥、后桥，在制动及突然加速的时候都会受到冲击。还有一些零件本身就是利用冲击能量来进行工作的，如冲床的冲头、锻床的锻锤等，这时如只考虑金属材料静载荷下的力学性能，将不能满足要求，必须考虑冲击载荷作用下材料的抵抗能力，即冲击韧性。

冲击吸收能量是通过夏比摆锤冲击试验来测定的，《金属材料　夏比摆锤冲击试验方法》（GB/T 229—2020）中规定了试样的形状有 V 型缺口、U 型缺口和无缺口三种。其中 V 型缺口有 45°夹角，深度为 2 mm，底部曲率半径为 0.25 mm；U 型缺口深度为 2 mm 或 5 mm，底部曲率半径为 1 mm。图 2 - 4 所示为夏比冲击试样。试样的尺寸与偏差见表 2 - 3。目前常用的冲击试验为一次摆锤冲击弯曲试验。在讲述其方法和原理时，可利用挂图或电子课件进行讲解，在教学时要着重指出：

（1）试样安放时，缺口应背向摆锤的冲击方向，对称放置在砧座上，摆锤的刀刃半径分为 2 mm 和 8 mm 两种。

（2）进行冲击试验时，忽略消耗于空气阻力、试样掷出、基座本身振动所吸收的能量，而把总的能量消耗都看作是使试样冲断所吸收的能量，即冲击吸收能量（用 KV、KU 或 KW 表示）。

（3）材料的冲击吸收能量越大，抗冲击能力越强，材料的韧性越好。

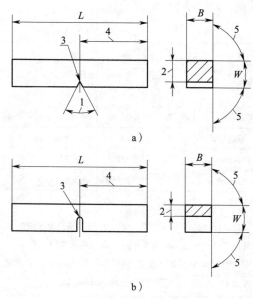

a）

b）

图 2-4 夏比冲击试样

a）V 型缺口   b）U 型缺口

注：符号 L、B、W 和序号 1~5 代表的尺寸见表 2-3。

表 2-3 试样的尺寸与偏差

名称	符号及序号	V 型缺口试样[a]		U 型缺口试样	
		名义尺寸	机加工公差	名义尺寸	机加工公差
试样长度	L	55 mm	±0.60 mm	55 mm	±0.60 mm
试样宽度	W	10 mm	±0.075 mm	10 mm	±0.11 mm

名称	符号及序号	V 型缺口试样[a]		U 型缺口试样	
		名义尺寸	机加工公差	名义尺寸	机加工公差
试样厚度 – 标准尺寸试样	B	10 mm	±0.11 mm	10 mm	±0.11 mm
试样厚度 – 小尺寸试样[b]		7.5 mm	±0.11 mm	7.5 mm	±0.11 mm
		5 mm	±0.06 mm	5 mm	±0.06 mm
		2.5 mm	±0.05 mm	—	—
缺口角度	1	45°	±2°	—	—
韧带宽度	2	8 mm	±0.075 mm	8 mm	±0.09 mm
		—	—	5 mm	±0.09 mm
缺口根部半径	3	0.25 mm	±0.025 mm	1 mm	±0.07 mm
缺口对称面 – 端部距离	4	27.5 mm	±0.42 mm[c]	27.5 mm	±0.42 mm[c]
缺口对称面 – 试样纵轴角度		90°	±2°	90°	±2°
试样相邻纵向面间夹角	5	90°	±1°	90°	±1°
表面粗糙度[d]	Ra	<5 μm	—	<5 μm	—

注：[a] 对于无缺口试样，要求与 V 型缺口试样相同（缺口要求除外）。

   [b] 如指定其他厚度（如 2 mm 或 3 mm），应规定相应的公差。

   [c] 对端部对中自动定位试样的试验机，建议偏差采用 ±0.165 mm 代替 ±0.42 mm。

   [d] 试样的表面粗糙度 Ra 应优于 5 μm，端部除外。

*5. 疲劳强度

疲劳强度是指金属材料在无数次交变载荷的作用下不断裂的最大应力，用 R_{-1} 表示。本节教学的目的是使学生了解载荷性质不同，材料所表现的抵抗能力也不一样，金属材料在反复交变载荷作用下会产生疲劳现象而失效。通过对图 2 – 5 疲劳曲线（$R – N$ 曲线）的分析，使学生建立疲劳强度的概念。教学时要使学生对以下问题有所认识：

（1）疲劳断裂往往在工作应力低于材料屈服强度的情况下发生，而且是机械零件失效的主要原因之一。据统计，疲劳破坏的机械零件占失效零件总数的80%以上。

（2）疲劳断裂是在事先无明显塑性变形的情况下突然发生的，故具有很大的危险性。零件表面状态对疲劳强度的影响也很大，如表面擦伤（刀痕、打记号等）、表面质量、加工纹路、腐蚀等，表面上很小的伤痕都会造成尖锐的缺口，产生应力集中，使R_{-1}大大下降。可以通过图2-6疲劳断裂的零件断口示意图向学生讲解。

（3）虽然疲劳强度与抗拉强度之间没有明确的定量关系，但经验表明，在其他条件相同的情况下，材料的抗拉强度越高，一般其疲劳强度也越高。当钢材的抗拉强度$R_m < 1\ 500$ MPa时，疲劳强度R_{-1}为抗拉强度R_m的$0.4 \sim 0.6$倍。

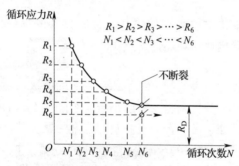

图2-5　疲劳曲线

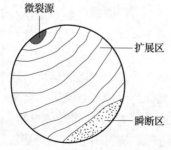

图2-6　疲劳断裂的零件断口示意图

(4) 提高疲劳强度的方法有合理设计零件结构（增加过渡圆角等）、避免应力集中、降低表面粗糙度值、喷丸处理、表面热处理等。

§2-3　金属材料的物理性能与化学性能

通过对本节的学习，使学生对金属材料的物理性能、化学性能有一个简单的了解，为今后学习应用金属材料打下基础。教师在讲授本节内容时要抓住各性能的概念，通过举例来说明各性能的具体实际应用，使学生更好地掌握本节内容。

一、物理性能

物理性能是材料固有的属性，金属材料的物理性能包括密度、熔点、导电性、导热性、热膨胀性、磁性等。

1. 密度

密度是指在一定温度下单位体积物质的质量。根据密度的大小，把金属材料分为两类：密度小于 4.5×10^3 kg/m³ 的金属材料称为轻金属，如铝及其合金、镁及其合金、钛及其合金等；密度大于 4.5×10^3 kg/m³ 的金属材料称为重金属，如金、银、铜、铁、铅等。密度的大小很大程度上决定了零件的自重。应用举例：工业上采用密度较大的钢铁材料制成机床；采用密度较小的金属材料，如铝锂合金、钛铝钒合金等制作航天器材。另外，工程上对零件或毛坯的质量计算也要利用密度。

2. 熔点

熔点是材料从固态转变为液态的温度。这个问题可结合前面学习过的晶体与非晶体的性能特点来讲：金属等晶体材料一般具有固定的熔点，而高分子材料等非晶体材料一般没有固定的熔点。应用举例可以讲：金属材料的熔点是热加工（铸、锻、焊）的重要工艺参数，熔点对选材也有重要影响。高熔点金属材料

（钨、钼等）可用于制造耐高温的零件，如火箭、导弹、燃气轮机零件，电火花加工、焊接电极等；低熔点金属材料（铅、铋、锡等）可用于制造熔丝、焊接钎料等。

3. 导电性

传导电流的能力称导电性，用电阻率来衡量。电阻率越小，金属材料导电性越好。金属材料导电性以银为最好，铜、铝次之。合金的导电性比纯金属差。教师介绍完导电性的概念后，启发学生列举导电性的应用。

4. 导热性

导热性通常用热导率来衡量。热导率越大，导热性越好。金属材料的导热性以银为最好，铜、铝次之。合金的导热性比纯金属差。教师介绍完导热性的概念后，启发学生列举导热性的应用。

5. 热膨胀性

金属材料随着温度变化而膨胀、收缩的特性称为热膨胀性。由线膨胀系数大的材料制造的零件，在温度变化时，尺寸和形状变化较大。应用举例：轴和轴瓦之间要根据其膨胀系数来控制其间隙尺寸；在热加工和热处理时也要考虑材料的热膨胀影响，以减少工件的变形和开裂。

6. 磁性

金属材料在磁场中被磁化的性能称为磁性。根据磁化程度的不同，金属材料分为：

（1）铁磁性材料。在外磁场中能强烈地被磁化，如铁、钴等。

（2）顺磁性材料。在外磁场中只能微弱地被磁化，如锰、铬等。

（3）抗磁性材料。能抗拒或削弱外磁场对材料本身的磁化作用，如铜、锌等。

铁磁性材料可用于制造变压器、电动机转子、测量仪表等。抗磁性材料则用于要求避免电磁场干扰的零件和结构，如航海罗盘等。

要特别强调：铁磁性材料当温度升高到一定数值时，磁畴被破坏，变为顺磁体，这个转变温度称为居里点，如铁的居里点是770 ℃。这个知识点在后面有关章节里也有介绍。

二、化学性能

金属材料的化学性能是指金属材料在室温或高温时抵抗各种化学物质作用所表现出来的性能，包括耐腐蚀性和高温抗氧化性等。

1. 耐腐蚀性

金属材料在常温下抵抗氧、水及其他化学物质腐蚀破坏的能力称为耐腐蚀性。

金属材料的腐蚀既造成金属表面光泽的缺失和材料的损失，也造成一些隐蔽性和突发性的事故。金属材料中铬镍不锈钢可以耐含氧酸的腐蚀；而耐候钢、铜及铜合金、铝及铝合金能耐大气的腐蚀。

需要对学生强调：钢铁是使用最多的金属材料，但每年因腐蚀而损失的数量巨大，防止金属材料腐蚀已成为科学研究中的重要问题。

2. 高温抗氧化性

在高温下金属材料易与氧结合，形成氧化皮，造成金属材料的损耗和浪费，因此高温下使用的零件，要求材料具有高温抗氧化的能力，如各种加热炉、锅炉等要选用高温抗氧化性良好的材料。材料中的耐热钢、高温合金、钛合金、陶瓷材料等都具有好的高温抗氧化性。

强调提高高温抗氧化性的措施：使材料在迅速氧化后能在表面形成一层连续而致密并与母体结合牢靠的膜，从而阻止深层金属进一步氧化。

§2-4　金属材料的工艺性能

本节对金属材料的工艺性能做了简单的介绍，要求学生明确金属材料仅有良好的力学性能是不够的，还必须有良好的工艺性能才能使生产工艺简单，制造成本低廉，最后生产出质量良好的零件。要让学生了解常用工艺方法所具有的特点，例如铸造工艺成本较低，可制成形状复杂的毛坯，但铸件的力学性能一般不如锻件或型材好；锻造工艺可以使毛坯得到较好的力学性能，一般用于制造重要零件；灰铸铁与有色金属一般焊接性能较差，而非合金钢的焊接性能较好，因此大部分需要焊接的工程构件都采用非合金钢。金属材料的热处理性能包括淬透性、淬硬性、变形开裂倾向、过热敏感性、回火脆性倾向、氧化脱碳倾向等。通过热处理可以改善材料的切削性能，提高材料的强度、硬度等。切削加工性能是指材料进行切削加工的难易程度，它具有一定的相对性。某种材料切削加工性能的好坏一般是相对另一种材料而言的，因此在不同的条件下，切削加工性能要用不同的指标来衡量。

对于通过冷塑性变形方法进行的加工，材料在加工过程中会发生加工硬化而使加工过程产生难以继续进行的问题，生产中通常要通过再结晶退火来加以解决。但不同的金属材料再结晶退火的温度是不同的，再结晶退火的温度 $T_{再} = (0.3 \sim 0.5)T_{熔}$。

§2-5 力学性能试验

教材中给出了对试验步骤进行说明的图表，主要是为了引起师生对动手试验的重视。通过试验不但可以加深学生对金属材料力学指标的理解，而且使学生通过试验环节了解和掌握更多试验数据处理的方法。教师可以根据本校的条件，选用适当的设备及试样，但都要求学生能正确地填写试验报告。

第三章　铁碳合金

一、教学目的

1. 了解合金的概念及组织的基本类型。

2. 掌握铁碳合金的基本组织、性能及符号。

3. 熟悉简化的 $Fe – Fe_3C$ 相图中特性点、特性线的含义及相区的分布情况。

4. 掌握铁碳合金成分、组织、性能三者之间的关系。

5. 了解 $Fe – Fe_3C$ 相图的应用。

二、重点和难点

1. 重点

铁碳合金的基本组织、性能及符号。

2. 难点

铁碳合金相图及典型组织的结晶过程分析。

三、学时分配表

章节内容	总学时	授课学时	试验学时
§3–1　合金及其组织		2	
§3–2　铁碳合金的基本组织与性能	10	2	
§3–3　铁碳合金相图		4	
§3–4　观察铁碳合金的平衡组织（试验）			2

四、教材分析与教学建议

此章内容是本课程的重点内容之一。通过本章教学，可使学生了解合金的内部结构以及成分、组织和性能三者之间的关系。本章的特点是内容抽象、名词概念较多、理论性较强，因此教学难度大。在教学中应尽量使用演示板、图片或电子课件等，加强教学直观性。要尽量保证试验的进行，如不具备试验条件，可组织适当的参观，使学生充分理解教材内容。

引言部分介绍了黑色金属、有色金属的概念和常用金属材料的分类。在教学过程中，可从纯金属的性能特点分析开始，列举一些纯金属材料（如纯铁、纯铝、纯铜、24K金等）的优缺点，指出在工业生产中纯金属很少使用，主要是因为它们不但冶炼困难、价格高，而且种类和性能是有限的，远不能满足人们对金属材料提出的多品种、高性能（尤其是强度方面）的要求，进而引出合金（如教室的铝合金门窗）的特点以及合金在工业生产中应用的广泛性，引起学生对教学内容的足够重视。

关于金属材料的分类，此处可以简单介绍，因为学生对大部分材料还不了解。等到总复习时，再返回来详细讲解，对各种材料的性能特点、适合的热处理方法、应用场合等加以比较，使学生对常用的金属材料有一个系统性的认识。

§3-1 合金及其组织

组元、相、组织是合金研究的基本概念，它们十分抽象，应举例加以解释，如组元通常就是组成合金的元素或化合物，铁碳合金中的碳、铁、碳化铁等都是组元。相是指金属组织中化学成分、晶体结构和物理性能相同的部分，其中包括固溶体、金属化合物及纯物质（如石墨），不同的物质具有不同的相结构，相同的物质也可能有不同的相结构，如水和冰，当两者放在一起时有界面分开。组织泛指用金相观察方法看到的形态、尺寸和分布方式不同时，一种或多种相构成的总体，以及各种材料缺陷和损伤。组织又分为宏观组织和显微组织，金属试样经磨面处理后用肉眼或放大镜看到的组织称为宏观组织；用适当方法（如侵蚀）处理后的试样磨面或制成的薄膜在光学及电子显微镜下观察到的组织称为显微组织。显微组织中，各组成相本身的结构性能及组合情况对合金的性能起决定性的作用。

根据组成合金的各组元之间相互作用的不同，固体合金中的相结构大致分为固溶体和金属化合物两大基本类型。但在合金组织中，还经常存在两种或两种以上按固定比例组成的组织，称为混合物（如混凝土是由水泥、沙子、石子和水组成的混合物）。因此，合金的组织可分为固溶体、金属化合物和混合物三种类型。

一、固溶体

教材主要介绍了固溶体的概念、晶体结构和性能特点等。由于学生已习惯了液体相溶的现象，而对固体相溶感到陌生。因此首先应使学生明确，两种固体材料在固态下也会像液体一样互相融合，而形成一个均匀的固相，其晶格类型与原有溶剂的晶格类型相同。像糖溶解在水中，糖为溶质，水为溶剂一样，在固溶体中，能保持原有晶格类型的组元则称为溶剂，失去原有晶格类型的组元称为溶质。这种融合有两种方式，即溶质原子取代溶剂原子或溶质原子挤入溶剂原子的缝隙中而形成固溶体，前者称为置换固溶体，后者称为间隙固溶体。以哪种方式固溶则取决于组元间原子半径的差别，若溶质原子半径相当小，可形成间隙固溶体；若溶质原子与溶剂原子半径大小相当，可形成置换固溶体。只有置换固溶体才有可能形成无限固溶体，间隙固溶体只能是有限固溶体。例如后面要讲的铁素体，就是碳原子作为溶质进入 $\alpha-Fe$ 中形成的有限固溶体。至于影响溶解度的一些条件，教学中对学生不必要求太高，只做一般了解即可。

在教学中，要强调固溶体的性能特点是由于固溶强化造成的。一般情况下，随着溶质含量的升高，固溶体的强度、硬度逐渐升高，而塑性、韧性有所下降，这种现象称为固溶强化。在此可复习形变强化现象，固溶强化与形变强化相比，两者都是强化金属的手段。前者主要用于工作或加工时有变形的机件，后者应用更加广泛。例如，低合金钢就是利用 Mn、Si 等元素强化铁素体而使钢材的力学性能得到较大提高。又如，淬火马氏体是碳在 $\alpha-Fe$ 中的过饱和固溶体，它之所以有较高的硬度和耐磨性，固溶强化是重要原因之一。对于钢铁来说，固溶强化只是其强化途径之一，因此有一定的局限性，而对于有色金属（如铜、铝等）来说，固溶强化是行之有效的重要强化手段，这一点在后续章节中有所叙述。

二、金属化合物

教材中主要介绍了金属化合物的概念、结构和性能的特点及金属化合物对合金性能的影响。

在教学过程中要明确，当合金中溶质含量超过固溶体的溶解度时，将出现新相。若新相的晶格结构不同于任一组元，则此新生成的物质称为金属化合物。组成化合物的组元原子数符合一定比例，一般都可以用一定的分子式表示其组成。

讲解金属化合物时，只要求学生了解它的特点是晶格结构复杂、熔点高、硬且脆，其他不必做过多的分析。由于有以上的性能特点，因此，工业用的合金组织大多是以固溶体为基体的，单相化合物合金很少应用，通常金属化合物作为各类合金钢、硬质合金和许多有色合金的重要组成相——强化相。一般金属化合物在合金组织中的含量很少（T8 钢中 Fe_3C 只占 7%），但对钢的组织和性能的影响却是很大的，当它均匀而细密地分布在固溶体基体中时，将使合金钢的强度、硬度和耐磨性有很大提高，同时也会降低塑性和韧性。

三、混合物

教材中主要介绍了混合物的概念、结构和性能的特点及影响混合物性能的因素。

在教学过程中应当讲明混合物不是组成合金的基本相，它是由固溶体与固溶体或固溶体与金属化合物所组成的多相组织。混合物的各组成相，仍保持各自原有的晶格类型。混合物的性能取决于各组成相的性能，以及它们的形态、数量、大小及分布。

教材中将合金的组织列表表示，教师可方便地进行比较讲解，加深学生记忆。

§3-2 铁碳合金的基本组织与性能

本节介绍了铁碳合金的三个基本相——铁素体、奥氏体和渗碳体，以及由基本相组成的两种基本组织——珠光体和莱氏体，并以列表的形式介绍了上述五种组织的性能特点。这部分内容对学生掌握铁碳合金的成分、组织和性能的变化规律有十分重要的作用。讲课时应注意以下几点：

第一，讲解铁素体和奥氏体之前，首先复习铁的同素异构转变内容，指出 $\alpha-Fe$ 和 $\gamma-Fe$ 都是纯铁，有自己特定的晶格类型和存在的温度范围。当碳原子作为溶质进入 $\alpha-Fe$ 或 $\gamma-Fe$ 中，形成的有限固溶体分别为铁素体和奥氏体，纯铁也就变成了铁碳合金。要求学生熟记两者的晶格类型和最大溶碳量，并熟悉两者的显微组织图。铁素体的显微组织与纯铁相同，呈明亮的多边形晶粒组织，有时由于晶粒位向的影响或试样腐蚀程度的差异而略显明暗不同。奥氏体的显微组织也呈明亮的多边形晶粒组织，但在晶粒中有明显的孪晶现象。

第二，讲解渗碳体时，要提醒学生，它是一种金属化合物，有固定的含碳量和熔点。化学式为 Fe_3C，其晶体结构为复杂的斜方晶格。渗碳体在钢和铸铁中与其他相共存时呈片状、球状、网状或板状，渗碳体是碳钢中主要的强化相，它的形态与分布对钢的性能有很大影响。另外，Fe_3C 在一定条件下会发生分解，形成石墨态的自由碳。

第三，珠光体和莱氏体是由固溶体和金属化合物组成的混合物。珠光体由奥氏体的共析转变而得到，莱氏体由液态铁碳合金的共晶转变而得到。通过教学应使学生了解它们的形成条件、存在范围。

教材中利用图表（见教材表 3-2）的形式将五种组织的符号、含碳量、存在温度区间、力学性能及特点一一列出，教师可以提醒学生注意铁素体和奥氏体的强度、硬度较低，塑性、韧性较好，奥氏体只存在于高温下，具有良好的锻压性能。渗碳体和莱氏体熔点高，硬度高，耐磨性好，但塑性和韧性几乎为零，是钢中的主要强化相。珠光体具有良好的综合力学性能，即有较高的强度、硬度和适当的塑性、韧性。

§3-3 铁碳合金相图

铁碳合金相图表明了铁碳合金的组织和性能随成分、温度变化的规律。由于它只表示金属材料在平衡状态（极缓慢加热或极缓慢冷却条件）下的相结构，所以也称为铁碳平衡相图。但要注意，在非平衡状态（较快地加热和冷却）时，相图中的特性点、特性线是要发生偏离的。此图在生产实际中有十分重要的意义，它不但是机械制造中选材的重要依据，也是制定铸、锻、焊及热处理等热加工工艺的依据。因此，铁碳合金相图是本章甚至全书的重点内容。本节内容共包括六部分：铁碳合金相图的组成；$Fe-Fe_3C$ 相图中特性点、线的含义及各区域内的组织；铁碳合金的分类；铁碳合金结晶过程分析；铁碳合金的成分、组织与性能的关系；$Fe-Fe_3C$ 相图的应用。

一、铁碳合金相图的组成

在铁碳合金中，铁与碳可以形成 Fe_3C、Fe_2C、FeC 等一系列化合物，而稳定的化合物可以作为一个独立的组元，因此，整个铁碳合金相图可视为由 $Fe-Fe_3C$、$Fe-Fe_2C$、$Fe-FeC$ 等一系列二元相图组成，但由于含碳量大于 5% 的铁碳合金实用价值不高，因此仅研究 $Fe-Fe_3C$ 部分，常说的铁碳合金相图也可以认为是 $Fe-Fe_3C$ 相图。将相图上实用意义不大的部分省略，就导出了简化的铁碳合金相图。教学中要注意，此时，Fe 是一个组元，Fe_3C 是一个组元，因此，简化的铁碳合金相图仍称为二元合金相图。

二、$Fe-Fe_3C$ 相图中特性点、线的含义及各区域内的组织

1. $Fe-Fe_3C$ 相图中共有七个特性点，要讲清它们的含碳量、所处的温度及含义。这里要着重解释共晶点和共析点。学生往往会认为，只有在 C 点成分才会发生共晶转变，在 S 点成分才会发生共析转变。因此教师要强调，特性点的意义要与特性线的意义联系起来理解，在 1 148 ℃的温度上，直线 ECF 上的所有点都会发生共晶转变，即任意含碳量的一种合金从高温向低温冷却，经过此温度时都会发生共晶转变。共析转变同理。

2. 讲解六条特性线时，主要应强调其物理意义，并做简单分析。其中较难理解的是 GS 线和 ES 线。GS 线的讲解可与纯铁的同素异构转变内容相联系，它是奥氏体冷却时析出铁素体的开始线，也是加热时铁素体向奥氏体转变的终止温度线。ES 线既是含碳量大于 0.77% 的铁碳合金缓慢冷却时，从奥氏体中析出渗碳体的开始温度线，也是缓慢加热时渗碳体溶入奥氏体的终了温度线。从 S 点到 G 点，随着温度的升高，碳在奥氏体中的溶解度是逐渐增加的，就和糖在温水中比在冷水中更易溶解是一样的道理。

3. $Fe-Fe_3C$ 相图中各区域内的组织。这部分内容的讲解可根据"相图诀"的引导展开，即：

温度成分建坐标，铁碳二元要记牢。
两平三垂标特点，九星闪耀五弧交。
共晶共析液固线，十二面里组织标。
基本组织先标好，相间组织共逍遥。
分析成分断组织，铸锻处理离不了。

铁碳合金的高温组织，只有奥氏体具有实用意义，因为在 *AGSE* 区间内，奥氏体为单相组织，且塑性、韧性较好，最适合锻造。另外，对其他几个特殊组织（纯铁、共析钢、共晶白口铸铁、渗碳体）也应重点介绍。铁碳合金的室温组织只是铁素体、珠光体和渗碳体三种基本组织的混合物。此部分教学中，建议教师用演示板、扫描二维码或电子课件作为辅助，以加深学生对教材内容的理解。

三、铁碳合金的分类

根据含碳量和组织特点，铁碳合金可分为工业纯铁、钢及白口铸铁。教材以列表的形式（见教材表 3 – 5）给出了各种材料的室温组织、含碳量、显微组织及性能特点等，可进行比较教学，使学生对铁碳合金的室温组织有较为全面的了解。

四、铁碳合金结晶过程分析

在对典型铁碳合金结晶过程的分析中，对应相图横坐标上给定的成分点，过该点作成分线（Ⅰ、Ⅱ、Ⅲ、Ⅳ、…），并在成分线与相图各线的交点上做标记（一般用1、2、3、4、…），然后对照相图中该成分线上由高温向低温转变时对应位置组织分布情况，写出每两个点之间或者重要点上发生的转变（由液相分析至室温）。通过分析使学生对相图中对应的点、线、面所代表的含义产生更清晰的认知，分析结果显示该成分线在室温下属于哪个相区，其室温下就具有哪些相，而其室温组织组成物则取决于冷却过程中发生的转变。这为学生进一步理解铁碳合金的成分、组织与性能的关系奠定了理论基础。

五、铁碳合金的成分、组织与性能的关系

由于室温下的铁碳合金可认为是不同比例的铁素体和渗碳体的组合，因此，其成分与组织的关系为随着含碳量增加，组织中的铁素体逐渐减少，渗碳体逐渐增多。铁碳合金的成分与其性能的关系为当含碳量小于 0.9% 时，随着含碳量增加，钢的强度、硬度提高，塑性、韧性下降；当含碳量大于 0.9% 时，随着含碳量增加，钢的硬度仍可提高，但强度、塑性、韧性下降。这是因为在极为缓慢冷却的情况下，过多的碳以足够的时间从奥氏体中以网状渗碳体的形式析出，这种网状渗碳体如同一些相互交织的裂纹，使钢的强度大大下降，因此在生产中钢的实际含碳量一般均小于 1.4%。对于白口铸铁，因为组织中含有大量的渗碳体，故硬而脆，且难以加工，工业上很少使用。应向学生讲明，平时生产中所用的铸铁，并不是相图上的白口铸铁，只有在一些薄壁铸铁件或某些铸铁件的表面才会存在相图上的白口组织。

六、Fe – Fe$_3$C 相图的应用

这部分内容主要用来说明 Fe – Fe$_3$C 相图的重要性，突出它在选材及铸、锻、焊、热处理等方面的作用，说明这些工艺都与相图有密切的关系，但详细内容的学习不是本课程的任务。因此在教学中，按教材中所述的内容讲解即可满足要求，不必做额外补充。

阅读材料

铁碳合金相图教学点滴
作者：陈志毅

铁碳合金相图（以下简称相图）在"金属材料与热处理"

课程的教学中是一个非常重要的内容。相图的知识是学习后续其他许多章节的基础，是分析组织、判断性能以及选择热处理和铸锻工艺温度的重要依据。同时由于相图中涉及的理论较抽象，新概念较多，加之图形上的点、线、面均有着不同的含义，所以无论是教还是学，师生都感到有相当的难度。如何更好地做好相图的教学，教师在教学过程中不妨按下面的步骤进行一下尝试。

一、认识相图

一般在相图教学中，教师往往按教材编写的顺序，在讲完相图的组成后便直接介绍相图上点、线、面的含义。图上相互关联的点、线、面众多，一下子把它们的温度、成分及含义介绍给学生，学生就像掉进了"迷魂阵"，教学效果可想而知。想要解决这一问题，不妨先让学生去了解相图的"形"，可先将相图挂在黑板上，像地理教师讲解地图那样介绍相图，从而使学生理解相图是"表示在缓慢冷却（或加热）条件下，不同成分的铁碳合金或组织随温度变化的图形"，即相图上的线是某些相同意义的点的集合，由线分割出的面又划分为不同组织的分布区域。我们可把简化的 $Fe-Fe_3C$ 相图的"形"概括为 11 个字，即"两平、三垂、五弧、九星、十二面"。

"两平"指两条与横坐标平行的特殊线，即过 1 148 ℃的共晶线 ECF 和过 727 ℃的共析线 PSK。

"三垂"分别指含碳量为 0.77% 的共析成分和含碳量为 4.3% 的共晶成分，以及含碳量为 2.11% 的钢与铸铁的分界线。

"五弧"指液相线 AC 和 CD（ACD），固相线中的 AE 段，及铁素体向奥氏体转化的终止线 GS 和碳在奥氏体中的溶解度曲线 ES。

"九星"即相图上由字母标的点 A、G、P、S、E、C、D、F、K。

"十二面"即由各线分割成的 12 个不同的组织分布区域。

二、理解相图

当学生对相图的"形"有了初步认识之后，再从学生已比较熟悉的点开始，将相图上点、线、面的意义进一步介绍给学生，并应特别注意共析与共晶的讲解，因为要想更深入地分析讲解相图，就应从不同成分的合金的结晶过程入手。在分析结晶的过程中重点是分析它们的结晶顺序及结晶过程和重结晶过程中各相的含碳量的变化与相图中温度的对应关系。即要以共析与共晶为基础，在共晶温度以上时，先结晶出的相要使剩余的液相成分向共晶成分（含碳量为 4.3%）转化；在共晶与共析温度之间的奥氏体中析出的相要使未转化的奥氏体的含碳量向共析成分（含碳量为 0.77%）转化。当余下的液相或奥氏体达到共晶或共析成分时，便会发生共晶或共析反应。只要掌握了这一规律，学生就会很容易地掌握相图中各相的分布规律及成分、温度与组织三者间的关系。

三、绘制相图

俗话说"眼过千遍不如手过一遍"，为了让学生更牢固地掌握相图，随时运用相图，教学生绘制简化的 $Fe - Fe_3C$ 相图是一个行之有效的教学方法。由于在绘制相图的过程中，学生必须手脑并用，从而进一步加深对相图的印象和理解。为了帮助学生快速而准确地掌握相图的画法，我特编写了一首"相图诀"，在教学中，和学生一起边吟、边绘、边讲解。这样学生从手脑并用变成了手、口、脑并用。其结果是既提高了学生的学习兴趣，也强化了教学的效果。通过口诀结合讲解和画法演示，再加上学生课堂练习，一般学生在半节课内便可较牢固地掌握简化相图的画法。

实践表明，通过这一教学方法大多数学生不但能够很快掌握相图的画法，而且由于学生加深了对相图的理解和认识，后续热处理章节的教学也会变得更加轻松自如。

§3-4 观察铁碳合金的平衡组织（试验）

通过对各类非合金钢及白口铸铁平衡组织的观察，使学生对微观的金属材料组织产生直观的认识，从而进一步加深对相、组织等抽象概念的理解。通过试验的动手、发现过程，可有效地激发学生学习和探求的兴趣，并为后面章节热处理中组织变化的讲解奠定基础。若没有相应观察设备，建议教师采用各种多媒体形式加以补充讲解。

第四章　非　合　金　钢

一、教学目的

1. 了解杂质元素对非合金钢性能的影响。

2. 掌握非合金钢的分类和牌号命名方法。

3. 掌握非合金钢牌号与其成分、组织、性能和用途之间的关系。

4. 能根据零件的使用条件和要求，正确选择非合金钢。

二、重点和难点

1. 重点
非合金钢的分类和牌号命名方法。

2. 难点
非合金钢的牌号与其成分、组织、性能和用途之间的关系。

三、学时分配表

章节内容	总学时	授课学时	试验学时
§4-1　杂质元素对非合金钢性能的影响		2	
§4-2　非合金钢的分类	6	1	
§4-3　非合金钢的牌号与用途		2	
§4-4　低碳钢与高碳钢的冲击试验			1

四、教材分析与教学建议

非合金钢是现代工业中应用最广泛的金属材料。为了在生产中合理选择、正确使用各种非合金钢，有必要了解非合金钢的分类、牌号、成分、性能及用途，以及非合金钢中存在的杂质对钢性能的影响。本章的特点是实用性较强，因此，教学中要注意理论联系实际。

§4-1 杂质元素对非合金钢性能的影响

一、炼钢过程概述

目前生产中采用的炼钢方法有平炉炼钢、转炉炼钢（包括氧气顶吹转炉炼钢）和电炉炼钢等。尽管使用的炉子和操作步骤不同，但是都由五个基本过程组成，可简单归纳为：

1. 熔化原料。
2. 氧化杂质。
3. 造渣或排气。
4. 脱氧与排渣。
5. 调整出钢。

二、炼钢方法对钢的质量和性能的影响

钢的质量及其性能与钢的纯净程度（即钢中固体及气体夹杂物的含量）密切相关，而其纯净程度又与炼钢方法密切相关。普通转炉炼钢的纯净程度最差，因而其力学性能特别是韧性最差（氧气顶吹转炉炼钢的质量比较好，可接近于平炉炼钢）。电炉炼钢方法，由于可能在炉中创造还原性气氛，因此能在更大程度上去除硫、磷等有害杂质。相对来说，电炉炼钢的纯净程度最高，因而其力学性能也最好。一般比较高级的优质钢，多是在电炉中冶炼的。平炉炼钢的纯净程度则介于普通转炉炼钢和电炉炼钢之间，其力学性能也是如此。

无论哪一种炼钢方法，所炼得的钢都不可能绝对纯净，总在

不同程度上含有氮、氧、氢等元素以及各种非金属夹杂物和其他杂质元素，这些成分存在于钢中，一般是有损于钢的力学性能的。

三、脱氧方法对钢的质量和性能的影响

炼钢用的脱氧剂一般有锰、硅及铝等。在这三种脱氧剂中以锰的脱氧能力最弱，但锰脱氧的生成物 MnO 容易进入炉渣而被除去，因而钢液不受玷污。硅的脱氧能力比锰强十倍左右，但其脱氧生成物 SiO_2 不易全部进入炉渣，而部分地成为夹杂物残留在钢中。铝的脱氧能力更强，然而铝的脱氧生成物 Al_2O_3 不易聚成颗粒进入渣中，因而当脱氧用铝量较大时，就会使钢中含有大量 Al_2O_3 的夹杂物。残留在钢中的脱氧产物，对钢的组织和性能有明显影响。

冶炼低碳钢（含碳量 ≤0.25%）时，一般使用锰脱氧，因锰脱氧不能完全，致使钢液处于不完全脱氧状态下铸锭。溶于钢中的 FeO，在锭模内冷凝过程中将继续发生还原反应，释放出大量气体，造成钢液在锭模中剧烈沸腾，故称之为沸腾钢。沸腾钢锭的皮层内有大量分散的小气孔，通过轧制，这些气孔可以闭合。由于气孔的存在，抵消了钢液凝固时体积的收缩，所以钢锭头部没有集中缩孔，轧制时不需要大量切除，钢锭利用率较高。当钢液用锰、硅、铝进行充分脱氧后铸锭时，钢液在锭模中平静地凝固，凝固后除了头部形成集中缩孔外，其他部分都比较紧实，这种钢称为镇静钢。

镇静钢可以是任何钢种，沸腾钢只能是低碳钢。同样强度等级的镇静钢和沸腾钢相比，镇静钢的韧性较高，冷脆性倾向较小。

四、杂质元素对钢的质量和性能的影响

这部分内容主要介绍了钢中杂质元素硅、锰、硫、磷、氢、氧、氮等对非合金钢性能的影响及其在钢中的控制含量。教学时，教师可先简单介绍一些有关钢铁冶炼的知识，使学生了解钢中之

所以有这些杂质，是炼铁的原料以及炼钢后期脱氧剂所带来的。

1. 硅（Si）和锰（Mn）

硅和锰主要来源于铁矿石中的 SiO_2、MnO_2 以及钢液脱氧剂中的硅铁、锰铁。硅和锰在钢中主要起到固溶强化的作用，会使钢的强度、硬度提高，因此，硅和锰是钢中的有益元素。硅在钢中的含量一般应不超过 0.4%，锰在钢中的含量一般应不超过 0.8%。学生了解这些就够了，若有学生问："既然硅和锰是有益元素，其在钢中的含量为什么不是越高越好呢?"教师可进一步解释，硅的含量过高，会造成其在热处理加热时脱碳加重，回火脆性增加，过热敏感性升高；而锰的含量过高，会造成其在热处理加热时晶粒粗化，并使回火脆性增加。因此，要限制两种元素的含量上限。

2. 硫（S）和磷（P）

硫和磷主要来源于炼铁矿石、溶剂（石灰石）和燃料（焦炭），其中含有少量的硫化物和磷化物。硫对钢的危害主要是产生热脆，影响热轧或热锻工艺的进行。磷对钢的危害主要是产生冷脆并使钢产生偏析。讲述冷脆时，可以提一下学生们都熟知的超级巨轮泰坦尼克号与冰山相撞，其船体严重碎裂并迅速沉没的原因就是冷脆（该船体所用钢材中的含磷量是目前钢材限量标准的 30 倍）。因此，硫和磷都是钢中的有害元素，应严格限制其含量。一般硫的含量应小于 0.05%，磷的含量应小于 0.045%。但正是利用硫和磷能增加钢的脆性的特点，在易切削钢中，它们起到形成断屑、不易粘刀的作用，可提高加工效率并减少刀具磨损。

3. 氮（N）、氧（O）和氢（H）

大部分钢在整个冶炼过程中都与空气接触，因而钢液中会吸收一些气体（如氮、氧、氢等），它们对钢的质量都会产生不良影响。

室温下氮在铁素体中的溶解度很低，钢中的过饱和氮在常温

放置过程中会以 Fe_2N、Fe_4N 的形式析出而使钢变脆，称为时效。在钢中加入 T、V、Al 等元素可使氮被固定在氮化物中，从而消除时效倾向。

氧在钢中主要以氧化物夹杂的形式存在，氧化物夹杂与基体的结合力弱，不易变形，易成为疲劳裂纹源。

氢对钢的危害性更大，主要表现为氢脆。常温下氢在钢中的溶解度很低，原子态的过饱和氢将降低钢的韧性，引起氢脆。当氢在缺陷处以分子态析出时，会产生很高的内压，形成微裂纹，这将严重影响钢的力学性能，使钢易于脆断。氢还是钢材在锻、轧加工后出现"白点"缺陷的主要原因。

§4-2　非合金钢的分类

《钢分类　第1部分：按化学成分分类》（GB/T 13304.1—2008）是参照国际标准制定的标准，钢的分类可分为"按化学成分分类"和"按主要质量等级和主要性能或使用特性的分类"两种。按化学成分分为非合金钢、低合金钢、合金钢三大类。考虑到行业问题，非合金钢最常见的是按钢的含碳量、质量等级、用途和冶炼时脱氧程度分类。

教学中应使学生明确，按含碳量分类的界限并不十分严格，教材中的分类方法只是一种习惯分法。另外，在使用时钢的叫法是按不同分类方法混合使用的。例如，20 钢既是低碳钢，又是碳素渗碳钢，还是优质碳素结构钢。

§4-3　非合金钢的牌号与用途

一、（普通）碳素结构钢

这类钢含杂质 S、P 及非金属夹杂物较多，冶炼容易，在所有钢中价格最低廉，工艺性好，而且力学性能能满足一般工程构件及普通机械零件的要求，因此使用广泛。与相同含碳量的优质碳素结构钢相比，其塑性、韧性较低，大多在热轧状态下直接使用。按《钢铁产品牌号表示方法》（GB/T 221—2008）规定，其牌号为"Q＋屈服强度值＋（必要时）质量等级符号＋（必要时）脱氧方法符号＋（必要时）产品用途、特性和工艺方法表示符号"。Q为屈服强度中"屈"字汉语拼音首字母。当脱氧程度为Z（镇静钢）或TZ（特殊镇静钢）时，Z和TZ可以省略。值得提醒的是，国家标准不能同步修订，《碳素结构钢》（GB/T 700—2006）中所有力学性能符号和定义都和旧国家标准GB/T 228—2002相同，本版书中第二章采用了新国家标准GB/T 228.1—2021后，给教材编写和教学都带来一定难度，但在过渡期，教师讲课时注意新旧标准的衔接即可。为了帮助学生了解碳素结构钢的应用，教师可在讲课前先提出问题，如教室里的灯罩、风扇叶、门把手等是用什么材料制造的？然后讲课，最后告诉学生这些都是用我们今天讲的碳素结构钢制造的。

二、优质碳素结构钢

这类钢中有害杂质S、P及非金属夹杂物较少，钢的品质较高，出厂时既要保证化学成分，又要保证力学性能。这类钢一般需经正火或调质后使用，主要用于制造较重要的机械零件。《钢铁产品牌号表示方法》（GB/T 221—2008）规定，优质碳素结构钢的牌号用两位数字表示，代表了钢的平均含碳量的万分数。数字越大，钢的强度、硬度越高，塑性、韧性越低。优质碳素结构钢按含锰量不同，分为普通含锰量（w_{Mn}＝0.25%～0.8%）和较高含锰量（w_{Mn}＝0.7%～1.2%）两组。较高含锰量的一组，在其牌号数字后加"Mn"字，如65Mn钢。《优质碳素结构钢》（GB/T 699—2015）中取消了沸腾钢与半镇静钢，教师在授课时要特别强调。

这部分内容应主要让学生掌握优质碳素结构钢的牌号表示方法、性能和用途。为此，可多举一些实例，如固定教室暖气管的卡子，由于使用中几乎不受力，所用螺杆、螺母都是用普通碳素结构钢制造的。但切削加工用的工艺装备中，其螺杆、螺母都是用优质碳素结构钢制造的，因为它们工作时一般受到一定的拉力。在教学中，还应鼓励学生举一些自己见到的实例，做到课堂教学中的理论联系实际，才能更好地体现技工教育的特点。

三、碳素工具钢

这类钢的成分特点是高碳（含碳量均在 0.70% 以上）和低硫、低磷，是特殊质量非合金钢。一般经淬火和低温回火后使用，用于制造性能要求不是特别高的工具、刃具和模具等。按 GB/T 221—2008 规定，碳素工具钢的牌号由 "T + 数字（表示钢的平均含碳量的千分数）" 组成。应提醒学生注意碳素结构钢牌号后的 A 和碳素工具钢牌号后的 A 意义的区别。例如，Q215A 中的 A 表示钢中有害元素 S、P 含量是四个等级中最高的，钢的质量最差；而 T10A 中的 A 表示高级优质钢，钢的质量较好。优质钢中，特级优质钢牌号后加 E，高级优质钢牌号后加 A，优质钢牌号后不加任何符号。

四、铸造碳钢

这类钢具有较高的力学性能。按《铸钢牌号表示方法》（GB/T 5613—2014）规定，其牌号由 "ZG + 两组数字" 组成，两组数字间用 " – " 隔开，两组数字分别代表屈服强度和抗拉强度的数值。由于本书合金钢部分不再提铸钢，教学中应讲明用熔炼好的钢液直接浇铸成的成形铸件称为铸钢件，根据需要，其材料可用非合金钢或合金钢，因此，铸钢件可分为非合金钢铸件和合金钢铸件。还应指出，铸造碳钢主要用于制造形状复杂、综合力学性能要求较高的大型零件，如龙门刨床床身、铣床立柱等。

§4－4　低碳钢与高碳钢的冲击试验

在实际工程中，有许多零件或构件常受到冲击载荷的作用，由于加载速度、作用时间等方面与静载荷不同，冲击载荷对材料的破坏作用较大，所以在机械设计中应尽量避免冲击载荷；但另一方面，却可以利用冲击载荷实现静载荷难以达到的效果，例如锻锤和凿岩机等。要了解材料在冲击载荷下的性能，就必须做冲击试验。

一、冲击试验的应用

金属材料的冲击吸收能量 K 是一个由强度和塑性共同决定的综合性力学性能指标，其在零件设计中虽不能直接用于设计计算，却是一个重要的参数。所以，将材料的冲击韧性列为金属材料的常规力学性能。$R_{eL}(R_{p0.2})$、R_m、A、Z 和 K 被称为金属材料常规力学性能的五大指标。

冲击试验的应用主要有以下几个方面：

1. 评定材料的冶金质量和热加工产品质量。通过测量冲击吸收能量和对冲击试样进行断口分析，可揭示材料的夹渣、偏析、白点、裂纹以及非金属夹杂物超标等冶金缺陷；可检查过热、过烧、回火脆性等锻造、焊接、热处理等热加工缺陷。

2. 评定材料在低温条件下的冷脆倾向。利用系列低温冲击试验可测定材料的转变温度，供选材时参考，目的是使材料不在冷脆状态下工作，保证安全。

3. 对于屈服强度大致相同的金属材料，通过冲击吸收能量可以评价材料对大能量冲击破坏的缺口敏感性。

二、新、旧标准名称和符号对照

《金属材料　夏比摆锤冲击试验方法》（GB/T 229—2020）与旧国家标准 GB/T 229—2007 相比，在金属材料冲击韧性的名称和符号等方面有较大变化，为方便学生学习，现将金属材料冲击韧性的新、旧标准名称和符号列于表 4–1 中。

表 4–1　金属材料冲击韧性的新、旧标准名称和符号对照

GB/T 229—2020			GB/T 229—2007		
名称	符号	单位	名称	符号	单位
吸收能量	K	J	吸收能量	K	J
U 型缺口试样使用 2 mm 摆锤锤刃测得的冲击吸收能量	KU_2	J	U 型缺口试样在 2 mm 摆锤刀刃下的冲击吸收能量	KU_2	J
U 型缺口试样使用 8 mm 摆锤锤刃测得的冲击吸收能量	KU_8	J	U 型缺口试样在 8 mm 摆锤刀刃下的冲击吸收能量	KU_8	J
V 型缺口试样使用 2 mm 摆锤锤刃测得的冲击吸收能量	KV_2	J	V 型缺口试样在 2 mm 摆锤刀刃下的冲击吸收能量	KV_2	J
V 型缺口试样使用 8 mm 摆锤锤刃测得的冲击吸收能量	KV_8	J	V 型缺口试样在 8 mm 摆锤刀刃下的冲击吸收能量	KV_8	J
无缺口试样使用 2 mm 摆锤锤刃测得的冲击吸收能量	KW_2	J			
无缺口试样使用 8 mm 摆锤锤刃测得的冲击吸收能量	KW_8	J	——	——	——
转变温度	T_t	℃	转变温度	T_K	℃
初始势能（势能）	K_p	J	实际初始势能（势能）	K_p	J
剪切断面率	SFA	%	剪切断面率	FA	%
试样宽度	W	mm	试样高度	h	mm
试样厚度	B	mm	试样宽度	w	mm

GB/T 229—2020			GB/T 229—2007		
名称	符号	单位	名称	符号	单位
试样长度	L	mm	试样长度	l	mm
侧膨胀值	LE	mm	侧膨胀值	LE	mm

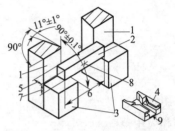

说明：1—砧座；2—标准尺寸试样；3—
试样支座；4—保护罩；5—试样宽度（W）；
6—试样长度（L）；7—试样厚度（B）；
8—打击点；9—摆锤冲击方向。
注：保护罩可用于 U 型摆锤试验机，用于
保护断裂试样不回弹到摆锤和造成卡锤。

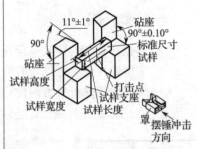

通过对本节试验课的学习，使学生进一步了解不同材料之间性能的差异，以及相同材料不同组织的性能差异。通过试验操作，使学生进一步熟悉冲击试验步骤和各符号的含义，提高学生的动手能力和分析问题的能力。

第五章　钢的热处理

一、教学目的

1. 掌握热处理的定义及分类。
2. 了解钢在加热和冷却时的组织转变过程。
3. 掌握常用热处理方法的目的和应用范围。
4. 能正确分析典型非合金钢零件热处理工艺的目的及作用。

二、重点和难点

1. 重点
本章的重点是钢的退火、正火、淬火、回火及表面热处理的目的、方法和应用。

2. 难点
本章的难点是钢在冷却时的组织转变。

三、学时分配表

章节内容	总学时	授课学时	试验学时
§5 – 1　热处理的原理与分类		1	
§5 – 2　钢在加热与冷却时的组织转变		4	
§5 – 3　热处理的基本方法	22	6	
§5 – 4　钢的表面热处理与化学热处理		4	
§5 – 5　零件的热处理分析		4	

章节内容	总学时	授课学时	试验学时
* §5-6　钢的热处理（试验）			2
* §5-7　参观热处理车间			1

四、教材分析与教学建议

钢和铁的应用十分广泛，但为了满足不同的使用要求，一般还要进行适当的热处理。例如，常用的铰刀、丝锥、车床主轴，以及组合夹具中的基础件、支承件等，都需经过淬火、回火来提高材料的强度、硬度、耐磨性等。本章介绍了钢的热处理，对于铸铁，其热处理的原理与钢类似。本章的特点是概念多，理论性较强，为了加深学生的感性认识，教学条件允许的，可到热处理实习车间进行现场教学，了解各种热处理设备及工艺方法；实在不具备条件的，可做火焰淬火的演示。本版教材中采用了二维码技术，弥补了教学试验设备不足的缺憾，教师在授课时可充分利用二维码技术，增强教学的直观性与课堂的互动性。

§5-1　热处理的原理与分类

热处理是对固态金属或合金采用适当的方式进行加热、保温和冷却，以获得所需的组织结构和性能的工艺。教学中通过演示，应使学生理解热处理之所以能使钢的性能发生变化，是由于钢在固态下随温度的变化其内部晶格类型会发生改变。不同的加热温度、不同的冷却速度会得到不同的组织，因而可得到不同的性能。

根据《金属热处理工艺分类及代号》（GB/T 12603—2005），钢的热处理可分为三大类，即整体热处理、表面热处理和化学热处理，如图5-1所示。

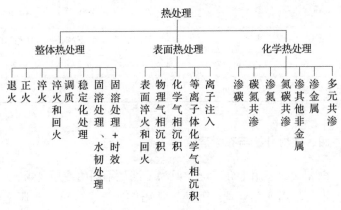

图 5 – 1　热处理分类

常用的热处理方法有退火、正火、淬火、回火，以及表面淬火和化学热处理。

§5 – 2　钢在加热与冷却时的组织转变

教材首先给出了理论上加热、冷却的临界点 A_1、A_3、A_{cm} 和实际加热时的临界点 Ac_1、Ac_3、Ac_{cm}，以及实际冷却时的临界点 Ar_1、Ar_3、Ar_{cm}。这几个符号在后面经常要用到，因此要求学生熟记并理解其含义。

教学过程中可先对铁碳合金相图进行复习，指出 PSK 线、GS 线和 ES 线是碳钢在缓慢加热和冷却过程中组织发生变化的线，分别称为 A_1 线、A_3 线和 A_{cm} 线。不同含碳量的每一个试样都对应一个临界点，用 A_1、A_3 和 A_{cm} 表示。要明确这些点都是在缓慢加热和冷却条件下的临界点，因此都是平衡临界点。实际生产中，碳钢不可能在平衡临界点发生组织转变。此时再引出实际加热、冷却时的临界点。

一、钢在加热时的组织转变

本部分内容共包括两个问题，即奥氏体的形成和奥氏体晶粒的长大。

1. 奥氏体的形成

教材以共析钢为例，介绍了奥氏体的形成过程。此过程分为三个阶段：奥氏体的形核与长大、残余渗碳体的溶解和奥氏体的均匀化。教学中应明确指出，珠光体向奥氏体的转变有着类似于结晶的规律，也是一个形核与晶核长大的过程。由于珠光体是铁素体和渗碳体的混合物，在两相的界面处，原子排列紊乱，处于不稳定状态，受热后部分原子的能量增加而重新排列，从而产生了奥氏体晶核。此后，铁素体中的铁、碳原子不断扩散，同时渗碳体不断溶解，都转移到奥氏体晶核上，使奥氏体晶核不断长大。铁素体全部转变为奥氏体后，仍有部分未能溶解的渗碳体，称为残余渗碳体，随着时间的延长，残余渗碳体继续向奥氏体中溶解，直至全部消失。由于碳原子的扩散是需要一定时间的，因此，刚生成的奥氏体内部，碳浓度是不均匀的，原渗碳体处含碳量高，原铁素体处含碳量低，只有经过一段时间保温，使碳原子充分扩散后，才能使奥氏体中的含碳量逐渐均匀。因此，热处理工艺中保温阶段的目的，一是保证整个工件热透（心部与表层温度一致），二是获得成分均匀的奥氏体。

2. 奥氏体晶粒的长大

教学中应使学生了解，刚生成的奥氏体晶粒是细小的。这是因为当珠光体向奥氏体转变时，一个珠光体的晶粒内会有很多铁素体和渗碳体的界面，每一个界面上都会产生很多新的奥氏体晶核，所以每个珠光体的晶粒会转变为多个细小的奥氏体晶粒。这是钢经热处理后能细化晶粒的基础。与结晶过程一样，随着加热温度升高和保温时间延长，奥氏体晶粒不断相互吞并而长大，使晶粒粗化，这会使室温下钢的力学性能变差。因此要强调控制加热温度和保温时间。

二、钢在冷却时的组织转变

此部分主要讲述两大内容，即奥氏体的等温转变和奥氏体的连续冷却（温度随时间延长而不断下降）转变。教学中应以奥氏体的等温转变为重点，并应注意讲清以下几个问题：

1. 按铁碳合金相图分析，奥氏体是钢的高温组织，当钢冷却到 A_1 温度以下时，奥氏体已转变为珠光体，钢中不存在奥氏体。但实际转变不能立刻发生，处于"等待"中的 A_1 温度以下的奥氏体称为过冷奥氏体。过冷奥氏体在不同温度下的等温转变，将得到性能不同的组织。

2. 教材中的奥氏体等温转变曲线图（C 形曲线，见教材图 5 – 7）是以共析钢为试样通过试验得到的。它表示了过冷奥氏体的转变温度、转变时间与转变产物之间的关系。

3. 由于学生对 C 形曲线的理解存在一定难度，因此可将此图在 $A_1 \sim Ms$ 温度范围内，沿横向分为三个区域（即过冷区、过渡区、转变产物区），沿纵向分为三个区域（即珠光体型转变区、贝氏体型转变区、马氏体型转变区）。

4. 等温转变的五种组织，成分相同（都为共析钢）时，转变温度越低，得到的组织硬度越高。教学中可根据教材表 5 – 1、表 5 – 2、表 5 – 3，讲清这五种组织的名称、符号、形成温度范围、组织特征及性能特点，并可对其显微图片进行比较，加深学生记忆。

5. 马氏体转变内容十分重要，涉及淬火、回火等工艺参数的选用，因此应给予足够重视。教学中应明确：

（1）马氏体是碳在 $\alpha – Fe$ 中的过饱和固溶体，用符号 M 表示。

（2）马氏体的转变特点：转变是在一定温度范围内（$Ms \sim Mf$）连续冷却过程中进行的，马氏体的数量随转变温度的下降而不断增加，冷却一旦停止，则奥氏体向马氏体的转变也就停止；马氏体转变速度极快，产生很大的内应力；转变时体积发生膨胀（马氏体的比体积比奥氏体的比体积大），且高碳马氏体比低碳马氏体的体积膨胀大；马氏体转变不能完全进行到底，此时未能转变的奥氏体称为残余奥氏体，用 $A_残$ 表示；即使过冷到 Mf 以下的温度，仍有少量残余奥氏体存在；马氏体中由于溶入过多的碳而使 $\alpha - Fe$ 晶格发生畸变，形成碳在 $\alpha - Fe$ 中的过饱和固溶体，因此，马氏体组织不稳定。

（3）马氏体的显微组织分为板条状（低碳）和针状（高碳）两种。其性能特点是前者具有良好的强度和较高的韧性，后者具有极高的硬度和脆性。

（4）马氏体的硬度主要取决于其含碳量，含碳量越高，硬度越高。但当钢中含碳量大于 0.6% 时，淬火钢硬度增加得很慢。

（5）实际生产中，过冷奥氏体转变大多是在连续冷却过程中进行的。奥氏体转变成马氏体所需的最小冷却速度称为临界冷却速度，用符号 $v_临$ 表示。为使奥氏体过冷至 Ms 之前不发生非马氏体转变，即冷却后得到马氏体组织，必须使其冷却速度大于 $v_临$。

三、奥氏体的连续冷却转变

在实际生产中，要考虑成本和效率，因此过冷奥氏体的转变一般是在连续冷却过程中进行的。过冷奥氏体的连续冷却转变曲线也可通过试验的方法做出来。但其测定较为困难，故常用等温转变曲线图近似分析过冷奥氏体的连续冷却转变。这部分属于简单介绍，只要求学生理解以下两个问题：

1. 过冷奥氏体的连续冷却转变是在一定温度区间内进行的，转变最高温度至最低温度可能跨越两种组织的温度区间（见教材图 5 - 8），因而在一种冷却速度下可得到两种组织的混合物。

2. 与 C 形曲线"鼻尖"相切的冷却速度称为临界冷却速度 $v_临$，要想冷却后得到马氏体，必须使冷却速度大于 $v_临$。临界冷却速度在热处理实际操作中有重要意义。钢的临界冷却速度越小，其淬火能力越好。

§5 –3 热处理的基本方法

根据钢在加热和冷却时的组织和性能变化规律，热处理工艺可分为整体热处理（退火、正火、淬火、回火等）、表面热处理和化学热处理。本节介绍了退火、正火、淬火和回火四种整体热处理方法。退火和正火通常安排在机械粗加工之前，因此称为预备热处理。淬火和回火一般安排在机械精加工之前，称为最终热处理。

一、退火与正火

退火与正火有相近的作用，但又有一定区别。教学中可先讲退火的概念、目的、方法和应用场合，在学生了解了退火的基础上，再用对比的方法讲解正火，并明确其共同点和不同点。

1. 退火

钢的退火方法有很多种，教材以列表的形式介绍了常用的三种退火方法（见教材表5－4），即完全退火、球化退火和去应力退火。教学过程可对三种退火方法进行比较，以便于学生记忆。注意讲清以下几个问题：

（1）定义及目的。三种退火方法的定义及目的要分别讲清楚，例如完全退火的目的在于细化组织、降低硬度、改善切削加工性能和消除内应力。

（2）加热温度。三者加热温度不同，完全退火加热温度最高，加之冷却速度缓慢，因此完全退火可得到近似平衡的组织。球化退火因适用于过共析钢，加热温度不能太高，否则缓慢冷却时会产生二次渗碳体而降低钢的强度。去应力退火没必要加热到太高的温度。

（3）冷却速度。三种退火均为随炉冷却，冷却速度都很缓慢。完全退火根据材料不同，其冷却速度不同，碳钢为100～

200 ℃/h，合金钢为 50～100 ℃/h，高合金钢为 20～60 ℃/h。球化退火冷却速度≤50 ℃/h，去应力退火冷却速度≤100 ℃/h。

（4）组织变化。完全退火后组织全部转变为细小而均匀的平衡组织（铁素体＋珠光体），球化退火后组织转变为球状珠光体，去应力退火后钢件组织不变。

（5）应用。完全退火主要适用于中碳钢及低、中碳合金结构钢的锻件、铸件、热轧型材等，有时用于焊接结构。球化退火主要适用于共析钢、过共析钢的锻轧件，结构钢的冷挤压件等。去应力退火主要适用于锻件、铸件、焊接件、变形加工件等。

2. 正火

学生详细地了解退火后，理解正火工艺就较为容易了。教学中可对比退火来讲，主要应明确以下问题：

（1）定义区别。定义中加热温度和冷却介质与退火不同。

（2）组织与性能区别。正火后一般得到索氏体，它是一种较细的珠光体组织。因此，正火组织的强度、硬度、韧性都好于退火组织。

（3）热处理目的。两者有下列相同处：改善切削加工性能，改善力学性能，增加塑性或恢复经冷加工硬化的钢的塑性，消除化学成分的不均匀性，为淬火做好组织准备，消除或减小内应力。两者也有不同处：正火可消除网状渗碳体；对于力学性能要求不高的工件，正火可作为最终热处理（退火很少作为最终热处理，对于灰铸铁的石墨化退火可作为最终热处理）。

（4）选择原则。相同条件下，因正火工艺成本低、操作简单、周期短和正火组织性能好，故优选正火。中、低碳材料选正火，高碳材料选退火。形状复杂的工件应选退火。

另外，金属材料最适合切削加工的硬度范围为 170～230HBW，这点应提醒学生注意。教材图 5－9 所示的退火、正火加热温度范围可作为本节的小结，教师边讲边画，以加深学生的印象。

二、淬火与回火

淬火与回火两道工序是密不可分的，只要工件需要淬火，淬火后就必须回火。这是因为淬火组织有很多缺陷，必须靠回火消除。

1. 淬火

此部分介绍了以下五部分内容：淬火加热温度的选择、淬火介质的选择、常用的淬火方法、钢的淬透性与淬硬性、钢的淬火缺陷。

首先应使学生明确，淬火的目的是提高工件的使用性能，提高硬度、强度和耐磨性。一般淬火后的组织要求为马氏体，有时要求硬度不特别高但需一定韧性时，淬火后可为下贝氏体组织。

（1）淬火加热温度的选择。正确的加热温度是获得所需组织、性能的保证。一般亚共析钢加热温度应为 Ac_3 以上 30 ~ 50 ℃，共析钢、过共析钢加热温度应为 Ac_1 以上 30 ~ 50 ℃，加热温度过高，会造成钢变形严重且晶粒粗化；加热温度过低则冷却后产生非马氏体，会降低钢的强度、硬度。

（2）淬火介质的选择。教材提示中给出了钢的理想淬火冷却速度。通过讲解，应使学生明确，虽然讲解马氏体转变时，提到其转变速度极快，且每种钢的冷却速度应大于自身的 $v_临$，但不需要整个淬火过程都快冷，如果能在 650 ℃ 以上或 400 ℃ 以下缓冷的话，可大大减少变形、开裂的现象发生。常用的冷却介质有油、水、盐水、碱水等，其冷却能力依次增加。选用时应注意，若冷却能力太强，钢件易淬硬但容易开裂、变形；若冷却能力太弱，钢件不易淬硬。因此研制新的淬火介质也是热处理行业的热门话题。国外已广泛使用聚二醇等聚合物作为冷却介质，在零件表面形成一层薄膜，使冷却均匀，减少变形与开裂。

（3）常用的淬火方法。教材以列表的形式（见教材表 5 – 8）介绍了单液淬火、双介质淬火、马氏体分级淬火、贝氏体等温淬火四种常用的淬火方法。教学过程中可将它们的操作方法、特点及应用场合、热处理工艺曲线进行对比，以加深学生的理解和记忆。通过教学，应使学生明确，单液淬火虽然冷却特性不够理想，但由于操作简单，仍为工业上目前应用最广的淬火方法。双介质淬火、马氏体分级淬火和贝氏体等温淬火相对于单液淬火来讲，其变形、开裂倾向有所减小，但仍有不足之处。贝氏体等温淬火的目的主要是得到下贝氏体的淬火组织，因而材料经淬火后硬度较高、韧性也较好。教学中应避免一味地灌输理论知识，可针对不同的班级（工种）多举实例，如收割机刀片是用来切割小麦、水稻等农作物的，它的失效形式主要是受农作物茎秆的摩擦而变钝，或有时意外受砂石磕碰而引起崩刃。因此刀片应具有足够的强度和韧性，且刀口应锋利并耐磨，刀片制成后必须淬火，可选用 T9 钢或 65Mn 钢制造，淬火时采用高频感应加热，然后在 240~300 ℃的硝盐中等温冷却，可获得既强韧又耐磨的下贝氏体组织，满足其使用性能的需要。

（4）钢的淬透性与淬硬性。这部分教材中主要介绍了淬透性和淬硬性的概念、影响因素以及淬透性对钢的力学性能的影响。教学中应讲清，钢的淬透性的决定因素是临界冷却速度 $v_{临}$，其值越小，钢的淬透性越好。而影响临界冷却速度的因素是化学成分，除 Co 外，大多数合金元素如 Mn、Mo、Cr、Si、Ni、Al 等，都能降低钢的临界冷却速度，使钢的淬透性显著提高。钢的淬硬性主要取决于钢中马氏体的含碳量（形成板条状或针状马氏体）。另外，应提醒学生注意，淬透性好的钢，其淬硬性不一定高。同一种钢的淬透性是相同的，但具体淬透层深度与其成分、工件结构形状和尺寸、冷却介质的冷却能力等工艺条件有关。例如，同为 45 钢，水淬比油淬的淬透性好（但水淬比油淬易开裂），小件比大件淬透性好。同为平均含碳量为 0.4% 的 40 钢和 40Cr 钢，由于后者含有合金元素，因而淬透性明显提高。大多数情况下，45 钢直接淬火即能淬硬，20 钢由于含碳量低直接淬火不能淬硬，而是经表面渗碳后再淬火才能提高硬度。

（5）钢的淬火缺陷。此部分属于简单介绍，现阶段了解教材表 5 – 9 的内容即可。

2. 回火

此部分主要介绍回火时的组织转变、回火的分类及应用。

钢经淬火后，虽硬度很高，但其塑性、韧性很差，内应力很大，且淬火马氏体是一种不稳定的组织，若不经回火，会使零件在使用过程中发生尺寸、形状变化，甚至开裂。通过选择不同的回火温度，可改善淬火组织的缺点，调整钢的性能。回火基本上是热处理的最后一道工序，而且对钢的性能影响很大，从这个意义来说，可以认为回火操作决定了零件的性能和使用寿命。

（1）回火时的组织转变。这部分的教学中，应使学生了解钢的淬火组织是不稳定的淬火马氏体和残余奥氏体，它们具有自发地向稳定组织转变的趋势，回火加热时，材料的内部原子能量增高，畸变严重处的原子振动加剧而脱离束缚，重新整齐排列，从而降低硬度，减小内应力，稳定组织，提高塑性和韧性。要强调回火处理虽然加热温度低于 Ac_1 线，但仍会发生组织转变，随着回火加热温度的提高，依次会转变为回火马氏体、回火屈氏体、回火索氏体。

教学中还应指出，回火组织比一般组织性能更优良。例如，硬度相同时，回火屈氏体和回火索氏体比由过冷奥氏体直接转变得到的屈氏体和索氏体具有更高的强度、塑性和韧性。这主要是由于回火组织中的渗碳体呈颗粒状形态分布。

关于回火脆性，按教材内容简单介绍即可。

（2）回火的分类及应用。此部分教材中主要介绍了低温回火、中温回火及高温回火三种回火方法。教学中应讲清三种回火方法的回火温度范围、回火后得到的组织、性能及应用范围。

回火的应用是这部分内容的重点，且实用性较强，教师可采用灵活的教学方式进行教学。例如，可以锉刀、弹簧和机床主轴为例，让学生讨论其用途、性能要求、应选用的回火方法、回火加热的温度范围和回火后的组织等，使课本知识与实习生产联系起来。

另外，应提醒学生调质是一种常用的热处理工艺，重要的结构零件（如机床主轴等）一般都要进行调质处理。这是因为调质（淬火＋高温回火）组织为回火索氏体，其中的渗碳体呈粒状分布，因而具有较好的综合力学性能。

§5－4　钢的表面热处理与化学热处理

在扭转和弯曲等交变载荷作用下工作的机械零件，如齿轮、凸轮、曲轴、活塞销等，其表面层承受着比心部更高的应力，一般还要在摩擦力的作用下受到磨损，因此，必须提高这些零件表面层的强度、硬度、耐磨性和疲劳强度，而心部仍保持足够的塑性和韧性，使其能承受冲击载荷。此时，若采用前述的热处理方法，就很难满足要求，这就需要进行表面热处理或化学热处理。

一、表面热处理

表面热处理常用的方法是表面淬火，教学中应明确，钢的表面淬火是一种不改变钢的表面化学成分，但改变其组织的局部热处理方法，是通过快速加热与立即冷却两道工序来实现的。目的是使材料的表层获得硬而耐磨的马氏体组织，而心部仍保持原来的退火、正火或调质状态的组织。最常用的有火焰加热表面淬火和感应加热表面淬火。

1. 火焰加热表面淬火

这部分教材内容比较简单，教学时主要应强调其虽有加热不易控制、淬火质量不稳定等缺点，但不需要特殊设备，操作简单方便，机动灵活，广泛应用于中、小企业的单件及小批量生产中。目前国外已大量使用不同的火焰淬火机，利用光电温度计测量温度，气体混合比、火焰功率等重要工艺参数均由计算机控制。

2. 感应加热表面淬火

讲解感应加热原理时可通过复习公式 $Q = I^2 Rt$，理解感应电流与其所产生热量间的关系。这种热量能迅速将工件加热到预定的淬火温度，喷水器立即喷水（或乳化液等）冷却，将工件表层淬硬成马氏体，心部保持低温，仍为原始组织。应使学生了解通入感应炉的电流频率将影响感应加热的深度，也决定了淬硬层的深度。依照工件要求的淬硬层深度从浅至深，可依次采用高频、中频和工频感应加热。感应加热表面淬火的特点是零件变形小、组织细、硬度高，易实现机械化、自动化、大批生产。

教学中还应提醒学生注意，采用表面淬火的钢材，其含碳量不能过高或过低，一般可为中碳钢和中碳低合金钢，有时也可为铸铁及合金工具钢、碳素工具钢等。已经过表面淬火的工件，须及时回火。

二、化学热处理

应使学生明确化学热处理的特点是钢表层的组织和化学成分均发生了变化，因而工件表面具有某些特殊的力学性能或物理、化学性能。要求学生了解化学热处理的基本过程是由分解、吸收、扩散组成的，任何化学热处理工艺都按此过程进行。讲解具体的化学热处理方法时，应以钢的渗碳为主，提醒学生注意，渗碳工艺的主要目的是提高钢表面的含碳量，必须再经过淬火才能显著提高钢的强度和硬度（应注意在转工序的过程中，误将渗碳后没淬火的工件进行磨削，则会造成整批报废。鉴别渗碳表面和淬火表面除应认真看工序卡外，应在外观上进行区分，渗碳工件表面几乎无氧化皮、灰黑色、不亮现象，淬火工件某些局部有亮光，有氧化皮）。

适合渗碳的材料一般是含碳量 0.2% 以下的低碳钢或合金渗碳钢，渗碳后表层含碳量为 0.85% ~ 1.05%，渗碳层由表面向心部依次为过共析组织、共析组织、亚共析组织（过渡层），中心仍为原来的亚共析组织。

关于钢的渗氮部分，主要应讲清其特点是加热温度低，工件变形小，渗氮层本身具有高硬度、高耐磨性，耐疲劳和耐腐蚀性好，渗层组织致密，但渗氮效率低、成本高、渗层薄、脆性大，主要适用于对耐磨性和精度要求高的工件。

另外应强调，用于渗氮的钢必须是含有 Cr、Mo、Al 等元素的合金钢。零件渗氮后不用淬火就可达到高硬度，且具有较高的红硬性，这些性能在 600~650 ℃时仍可保持。

§5-5 零件的热处理分析

一、热处理的技术条件

在零件设计过程中，根据零件工作条件和主要性能指标完成选材之后，就应制定出相应的热处理技术条件并标注在零件图上，作为热处理生产及检验的标准。

一般情况下，零件图上都以硬度作为主要的热处理技术条件。因为已选定的材料在规定的热处理条件下，其组织状态是确定的，各项性能之间大致保持一定的关系，只要硬度达到了规定的要求，其他性能要求也就基本达到了。但是，对于某些机械性能要求较高的重要零件，如重型零件、动力机械上的关键零件（曲轴、连杆、齿轮、螺栓等）还应标出强度、塑性、韧性指标，有的须定出金相组织要求。

在标注硬度值时应有一个允许的波动范围，一般为：HRC 在 5 个单位左右，HB 在 30~40 个单位。图样上的热处理技术条件要求书写相应的工艺名称和硬度值，例如，调质 235~265HB，淬火 45~50HRC，高频淬火 52~56HRC 等。也可以用国家标准（GB/T 12603—2005）中规定的热处理工艺代号来表示。

可联系生产图样的识读讲起，一般零件图的右上角或图样的某个局部会标出渗碳层深度和淬火硬度的范围（例如，渗碳层深度 0.8~1.2 mm，淬火硬度 45~50HRC 等），一些重要工件还要在标题栏上方的技术要求中给出力学性能指标和组织要求。

必须指出，热处理技术条件的制定应当是合理的，必须兼顾需要与可能两个方面。设计者不应仅仅根据零件的结构和工作特性的需要来提出热处理技术条件，还必须考虑实现这些技术条件的可能性。也就是说，在设计过程中，设计人员应深入生产实际，做必要的调查研究，根据材料的热处理性能、热处理工艺特点以及生产的实际条件和能力，提出合理的设计技术要求，以确保这些要求得以实现。如果对生产全过程认识不足，有可能提出不合理的技术要求，例如，由于忽视了截面尺寸对淬火硬度的影响，用小尺寸试样的性能指标作为大截面零件的技术要求；由于忽视了零件的工艺性，在一个零件上要求有多种硬度要求，实际上这种技术要求是不可能达到的。

此外，在标注技术条件时，不应该对热处理方式方法规定得太具体，这是因为：热处理工艺规范的决定要考虑到诸如技术要求、生产条件、工人水平、操作习惯等因素；再者，一个零件要获得某一性能，往往可用多种方法达到，硬性规定不利于发挥热处理工作者的积极性，也不利于新工艺新技术的采用和推广。

二、热处理的工序位置

应讲清预备热处理和最终热处理的目的、分类和一般情况下在整个工艺路线中的位置。

零件加工过程中，根据热处理目的和工序位置的不同，其热处理工序位置的安排，可分为预先热处理与最终热处理两大类。

高频淬火的齿轮、长轴套等零件，通常的加工路线是先加工内孔、键槽，然后高频淬火。按这种顺序加工，一般淬火变形较大。在条件允许的情况下，若将加工工序颠倒一下，先高频淬火，后加工内孔、键槽，则可减少变形，保证精度。

对于精密零件或形状复杂的细长轴类零件，在切削加工或磨削加工时会造成表面应力，容易引起淬火变形。因此，在工艺路线中穿插消除应力处理或时效处理，对减少淬火变形非常有利。

在大批量生产条件下，如果经过试验掌握了零件的热处理变形规律，则可采用冷、热加工相配合，运用变形规律来控制变形，即在机械加工时预先放大或缩小余量，然后用热处理变形来调整。

三、典型零件或工具的热处理分析

齿轮、锉刀、齿轮轴都是最常用的机械零件，要求学生熟悉它们的性能，了解其热处理技术条件、加工工艺路线、热处理工序的作用。在讲解汽车传动齿轮轴时，要注意讲清整体热处理（正火、调质）和局部热处理（表面淬火、回火）的灵活应用。

* §5-6　钢的热处理（试验）

热处理试验对学生掌握、理解本章内容十分重要，教师要精心准备，提前做好试样的分组、标记工作，并对箱式电阻炉的接地情况和布氏、洛氏硬度计的压头等进行检查。由于试样件数多，加热温度不同，冷却介质不同，硬度范围大，因此，可用分组操作和集中演示相结合的方法，也可分两次课（试样加热、冷却为一次课，硬度测量为一次课）进行。对于试验设备不足的学校，至少应进行火焰淬火试验。应在操作前对学生进行必要的安全教育，并在操作过程中为学生提供足够的保护措施，以防发生烫伤等事故。

* §5-7　参观热处理车间

通过对工厂热处理车间的实地参观，使学生对热处理在生产中的实际应用和在机械加工中所占的重要地位产生直观的认识，并通过对热处理车间环境、设备的观察了解，加深对热处理工艺方法及用途的了解，增加实践知识和经验。

第六章　低合金钢与合金钢

一、教学目的

1. 了解合金元素在钢中的作用。
2. 熟悉低合金钢与合金钢的分类、牌号、性能特点和应用。
3. 了解低合金钢与合金钢的热处理特点。

二、重点和难点

1. 重点
本章的重点是低合金钢与合金钢的牌号和应用。

2. 难点
本章的难点是合金元素在钢中的作用。

三、学时分配表

章节内容	总学时	授课学时	试验学时
§6-1　合金元素在钢中的作用		1	
§6-2　低合金钢与合金钢的分类和牌号		2	
§6-3　低合金钢		2	
§6-4　合金结构钢	14	2	
§6-5　合金工具钢		3	
§6-6　特殊性能钢		3	
* §6-7　钢的火花鉴别（试验）			1

四、教材分析与教学建议

所谓低合金钢与合金钢，就是在非合金钢的基础上，为了改善钢的性能，在冶炼时有目的地加入一种或数种合金元素的钢。与非合金钢相比，由于合金元素的加入使低合金钢与合金钢具有较好的力学性能、较高的淬透性和回火稳定性等，有的还具有耐热性、耐酸性、耐腐蚀性等特殊性能，使其在机械制造中得到广泛应用，特别是低合金钢与合金钢经热处理后，合金元素在钢中的作用更能得到充分发挥，从而使其优良性能更为突出。为了合理地选用低合金钢与合金钢，本章教材对常用低合金钢与合金钢的性能、特点、热处理及用途进行了必要的分析。

本章与热处理的关系比较密切，教学时应对有关的热处理概念做必要的复习。本章教材首先介绍了低合金钢与合金钢的概念，强调了低合金钢与合金钢中合金元素的加入是有目的的，其目的是改善钢的性能。讲解此内容时要向学生讲明不能认为钢中有合金元素就是低合金钢或是合金钢（举例说明，如非合金钢中虽含有锰、硅，但这里的锰和硅就不能称为合金元素，非合金钢也不能称为低合金钢或合金钢）。同时也应指出，为满足重要的工程设备及机械零件对力学性能及某些特殊性能的要求，应采用低合金钢与合金钢制造。常用的合金元素虽有很多，但由于我国的铬（Cr）、镍（Ni）资源较少，因此在保证质量的前提下，应优先采用含有硅（Si）、锰（Mn）、钼（Mo）、钨（W）、钒（V）、钛（Ti）、硼（B）及稀土元素铼（Re）等我国富产元素的低合金钢与合金钢。在教学中，可通过让学生上台演练和布置作业等教学手段，使学生牢固掌握牌号的表示方法，养成正确的读写习惯。

§6－1　合金元素在钢中的作用

合金元素加入钢中以后，对钢中的基本相（铁素体、奥氏体、渗碳体）会产生一定的影响，主要表现在以下五个方面。

一、强化铁素体

几乎所有的合金元素都能或多或少地溶入铁素体中，形成合金铁素体，实际上也就是合金元素与铁形成了固溶体，由于合金元素的原子直径与铁的原子直径有差别，因此不论形成间隙固溶体还是置换固溶体，都会引起铁素体的晶格畸变，从而强化铁素体。在教学中，首先要求学生复习以前所学的固溶强化的概念，然后说明合金元素强化铁素体的原因。

二、形成合金碳化物

教材中提到的碳化物形成元素，在元素周期表中都是位于铁元素左边的过渡族金属元素（如 Mn、Cr、W、Mo、V、Nb、Zr、Ti 等）。金属元素的原子结构特点，决定了元素周期表中在铁左边的元素离铁越远，则该金属元素与碳的亲和力越强，形成的碳化物越稳定而不易分解。在教学中，应讲清合金渗碳体和特殊碳化物的形成条件，并指出它们对力学性能的影响。

三、细化晶粒

在教学中应强调几乎所有的合金元素都有抑制钢在加热时奥氏体晶粒长大的作用，原因是加热过程中不易分解的强碳化物形成元素及氧化物、氮化物形成元素所生成的小质点，在晶体内能起到阻碍奥氏体晶粒长大的作用，因此除锰钢外，低合金钢与合金钢在淬火加热时需要比非合金钢更高的温度。

四、提高钢的淬透性

教材中介绍了合金元素能提高钢淬透性的原因，还应使学生明确，如果形成碳化物的元素未溶入奥氏体，不但奥氏体的稳定性不会增加，而且未溶碳化物还能成为促进奥氏体分解的核心，反而加速奥氏体的分解。因此，要提高钢的淬透性，淬火时应适当提高低合金钢与合金钢的淬火加热温度，以使合金元素充分溶入奥氏体中。在教学中还可向学生补充讲解提高低合金钢与合金钢淬透性在生产中的重要意义——低合金钢与合金钢淬火时可用冷却能力较弱的淬火剂，甚至空冷也能形成马氏体，这样可以减小工件的变形和开裂倾向。大截面的工件也易淬透，从而获得沿截面均匀的、较高的力学性能。

五、提高钢的回火稳定性

回火稳定性在合金结构钢中可称为抗回火性，在合金工具钢中可称为红硬性，它表示钢在高温下保持高硬度、高耐磨性的能力，由于合金元素能提高回火稳定性，因此用高合金工具钢制造的刀具可用于较高速度的切削。

§6–2 低合金钢与合金钢的分类和牌号

一、低合金钢与合金钢的分类

低合金钢按质量等级分类，分为普通质量低合金钢、特殊质量低合金钢、优质低合金钢；按主要性能及使用特性分类，分为可焊接的低合金高强度结构钢、低合金耐候钢、低合金钢筋钢、铁道用低合金钢、矿用低合金钢和其他低合金钢。

合金钢按质量等级分类，分为优质合金钢、特殊质量合金钢；按主要性能及使用特性分类，分为工程结构用合金钢，机械结构用合金钢，不锈、耐腐蚀和耐热钢，工具钢，轴承钢，特殊物理性能钢等。

二、低合金钢与合金钢的牌号

通过教学，要求学生能识别一般的低合金钢与合金钢牌号，教学过程中可多举一些例子，以使学生掌握需识别的内容。

强调：合金工具钢的平均含碳量小于 1.00% 时，采用一位数字表示平均含碳量（以千分数计）；平均含碳量不小于 1.00% 时，不标明含碳量数字。

在教学过程中，应着重分析各种钢的成分及含量，以及钢的类别。讲解时，对各种钢可举 1~2 个常用牌号进行分析，如 Q355、Q460、20Mn2B、20CrMnTi、40Cr、38CrMoAl、60Si2Mn、50CrVA、GCr15、GCr15SiMn 等。通过教学，使学生了解合金元素在各种钢中的主要作用，并掌握各种钢的 1~2 个牌号以及所代表的含义及用途。

教材还介绍了钢铁产品统一数字代号体系。《钢铁及合金牌号统一数字代号体系》（GB/T 17616—2013）规定了钢铁及合金牌号统一数字代号体系，它简称"ISC"，包括钢铁及合金产品统一数字代号的编制原则、结构、分类、管理及体系表等内容。凡列入国家标准和行业标准的钢铁及合金产品应同时列入产品牌号和统一数字代号，相互对照，两种表示方法均为有效。每一个统一数字代号只适用于一个产品牌号；相应地，每一个产品牌号只对应一个统一数字代号。当产品牌号取消后，一般情况下，原对应的统一数字代号不再分配给另一个产品牌号。

§6-3 低合金钢

低合金钢是在碳素结构钢的基础上加入了少量（一般总合金元素的质量分数不超过 3%）的合金元素而得到的。由于合金元素的强化作用，低合金钢比碳素结构钢（含碳量相同）的强度要高得多，并且具有良好的塑性、韧性、耐腐蚀性和焊接性能，广泛用于制造工程构件。按主要性能及使用特性不同，常用低合金钢可分为低合金高强度结构钢、低合金耐候钢及低合金专业用钢等。

一、低合金高强度结构钢

低合金高强度结构钢的含碳量较低，一般≤0.20%，以保证具有良好的塑性、韧性和焊接性能。常加入的合金元素有锰（Mn）、硅（Si）、钛（Ti）、铌（Nb）、钒（V）、铝（Al）、铬（Cr）、氮（N）、镍（Ni）等。其中钒、钛、铝、铌元素是细化晶粒元素，其主要作用是在钢中形成细小的碳化物和氮化物，在金属相变时沿奥氏体晶界析出，形成细小弥散相，阻止晶粒长大，有效地防止钢过热，改善钢的强度，提高钢的韧性和抗层状撕裂性。它与非合金钢相比具有较高的强度，较好的韧性、耐腐蚀性及焊接性。

低合金高强度结构钢的生产工艺过程与碳素结构钢类似，而且价格与碳素结构钢接近，一般在热轧或正火状态下使用。因此，低合金高强度结构钢具有良好的使用价值和经济价值，广泛用于制造工程结构件、桥梁、船舶、车辆、压力容器、起重机械等。

特别指出的是：现行国家标准《低合金高强度结构钢》（GB/T 1591—2018）取消了 Q345 牌号，以上屈服强度数值作为牌号中的强度级别，相应指标提高 10～15 MPa。以 Q355 钢级替代 Q345 钢级，这主要是为了与国际标准接轨。

二、低合金耐候钢

低合金耐候钢是在低碳非合金钢的基础上加入少量铜、铬、镍等合金元素，使钢表面形成一层保护膜的钢。为了进一步改善耐候钢的性能，还可再添加微量的铌、钒、钛、钼、锆等其他能增加耐大气腐蚀性能的合金元素。我国目前使用的耐候钢分为高耐候钢和焊接耐候钢两大类。

三、低合金专业用钢

在实际生产中，为了满足某些行业的特殊需要，对低合金高强度结构钢的化学成分、生产工艺及性能进行相应的调整和补充，从而形成了门类众多的低合金专业用钢。如汽车用低合金钢、锅炉和压力容器用低合金钢、造船用低合金钢、铁道用低合金钢、矿用低合金钢、低合金混凝土用钢及预应力用钢、桥梁用低合金钢、输送管线用低合金钢、锚链用低合金钢、舰船兵器用低合金钢、核能用低合金钢等，其中有些钢种已纳入了国家标准或行业标准。

§6-4　合金结构钢

合金结构钢是用于制造各种工程结构和机械零件的钢，这类钢是在碳素结构钢的基础上加入一些合金元素而制成的。本节主要介绍机械结构用合金结构钢，它包括合金渗碳钢、合金调质钢、合金弹簧钢及滚动轴承钢等。讲述本节内容时，要着重强调此种钢的热处理方法、钢的特性及应用。

一、合金渗碳钢

合金渗碳钢经渗碳＋淬火＋低温回火的热处理后，便具有外硬内韧的性能，用来制造既有优良的耐磨性和耐疲劳性，又能承受冲击载荷作用的零件，例如，汽车、拖拉机中的变速齿轮，内燃机中的凸轮和活塞销等。

二、合金调质钢

合金调质钢用来制造一些受力复杂的，要求具有良好综合力学性能的重要零件。

三、合金弹簧钢

弹簧是各种机器和仪表中的重要零件，它利用弹性变形吸收能量以达到缓冲、减振及储能的作用，故弹簧材料应具有高的强度、疲劳强度，以及足够的塑性和韧性。

四、滚动轴承钢

滚动轴承钢主要用来制造各种滚动轴承的内、外圈及滚动体（滚珠、滚柱、滚针），也可用来制造各种工具和耐磨零件。

滚动轴承钢在工作时承受着较大并且集中的交变应力，同时在滚动体和内、外圈之间还会产生强烈的摩擦。因此，滚动轴承钢必须具有高的硬度和耐磨性、高的弹性极限和接触疲劳强度、足够的韧性和一定的耐腐蚀性。

§6-5 合金工具钢

通过说明碳素工具钢存有不足之处，引导出性能要求高的工具都需用合金工具钢制造。合金工具钢按用途可分为合金刃具钢、合金模具钢和合金量具钢。

一、合金刃具钢

合金刃具钢主要用来制造车刀、铣刀、钻头等各种金属切削刀具，要求具有高硬度、高耐磨性、高红硬性及足够的强度和韧性等。合金刃具钢分为低合金刃具钢和高速钢两种。

1. 低合金刃具钢

低合金刃具钢是在非合金工具钢的基础上加入少量合金元素的钢。常用的低合金刃具钢有 9SiCr 和 CrWMn。在讲授低合金刃具钢时，应讲清由于合金元素（常用的有 Cr、Mn、Si、W、V 等）的影响，淬透性有所提高，又由于含碳量较高，能形成碳化物而提高硬度和耐磨性。低合金刃具钢由于其合金元素总量较少，红硬性较低，其中 CrWMn 钢淬火后有较多的残余奥氏体，故变形小，有"微变形钢"之称，适于制造要求淬火变形小、较精密的低速切削刀具，如长丝锥、长铰刀及拉刀等。

2. 高速钢

高速钢是一种具有高硬度、高耐磨性的高合金工具钢。在教学中应讲清高速钢的牌号、成分、性能及热处理特点。通过教学，应使学生了解高速钢的含碳量较高（0.7%~1.5%），并含有大量的合金元素，其中 W、Mo 是提高红硬性的主要元素，1% 的 Mo 可代替 2% 的 W（一钼抵二钨），铬是提高渗透性的元素，钒是强碳化物形成元素等。通过正确的热处理（高的淬火温度及三次高温回火），可使高速钢具有较高的红硬性、耐磨性及足够的强度，以适于制造切削速度较高的刃具等。要求学生掌握 1~2 个高速钢的牌号，如 W18Cr4V、W6Mo5Cr4V2 等。

二、合金模具钢

用于制作模具的钢称为模具钢。根据工作条件不同，模具钢又可分为冷作模具钢、热作模具钢和塑料模具钢三类。在教学中，应着重分析冷作模具、热作模具和塑料模具的工作条件，从而得知它们对性能有不同的要求。通过教学使学生明确，要达到这些性能的要求以适应加工的需要，必须选择成分恰当的钢种及采取合理的热处理工艺，要求学生掌握 2~3 个常用合金模具钢的牌号，如 9Mn2、Cr12、5CrMnMo 等。另外应指出的是在旧国家标准《钢铁产品牌号表示方法》（GB/T 221—2000）中专门规定，塑料模具钢在牌号前加符号"SM"，牌号表示方法与优质碳素结构钢和合金工具钢相同，如 SM45、SM3Cr2Mo 等，但在新国家标准《钢铁产品牌号表示方法》（GB/T 221—2008）中取消了这一规定，因考虑到带有"SM"符号的牌号还会在相当一段时间内在生产中使用，所以仍有必要让学生对其有所了解。

1. 冷作模具钢

冷作模具钢用于制造使金属材料在冷状态下变形的模具，如冲裁模、拉丝模、弯曲模、拉深模等，这类模具工作时的实际温度一般不超过 300 ℃，模具钢应具有高的硬度、耐磨性和强度。模具在工作时受冲击，故模具钢也要求具有足够的韧性。另外，形状复杂、精密、大型的模具，其材料还要求具有较高的淬透性和较小的热处理变形。所以小型冷作模具可采用低合金刃具钢、非合金工具钢制造，而大型冷作模具必须采用淬透性好的 Cr12MoV 等高碳高铬钢制造。

2. 热作模具钢

热作模具钢是用来制造使金属材料在高温下成形的模具，如热锻模、热挤压模、压铸模等，热作模具钢要具有较高的强度、韧性、高温耐磨性及热稳定性，并具有较好的抗热疲劳性能。

3. 塑料模具钢

塑料模具的制作成本中，加工和抛光占到 70% ~ 80%，因此在选用模具材料时，应在保证模具使用性能要求的同时，尽可能地提高其加工工艺性能。通常可根据塑料制品的种类、质量要求及生产批量来选用。在其他影响因素确定时，生产批量越小，对模具的耐磨性和使用寿命要求越低，可选用性能指标低的材料。小批量时选用渗碳钢或优质碳素结构钢，大、中批量（30 万 ~ 100 万件）时，可以选用 3Cr2Mo、5NiSCa 等调质型合金结构钢。对生产批量大的大型高精度注射模，可采用预硬化钢，以防止热处理变形。选用时还应充分考虑模具的加工工艺性，尽量选用易切削、热处理变形小、耐磨性好的材料。

三、合金量具钢

量具是测量工件尺寸的工具，如游标卡尺、量规和样板等，它们的工作部分一般要求具有高硬度、高耐磨性、高的尺寸稳定性和足够的韧性。根据量具的工作特点及性能要求，除了选材要合理外，其热处理的主要问题是保证尺寸的稳定性。通过教学使学生明确，为了提高量具的尺寸稳定性，一般在淬火后进行冷处理，然后进行低温回火，以便得到较稳定的回火马氏体组织，避免量具在使用过程中变形，以保证测量的精确性。教师应要求学生掌握 1 ~ 2 个合金量具钢的牌号，如 CrWMn、CrMn 等。

§6-6 特殊性能钢

具有特殊的物理性能和化学性能的钢称为特殊性能钢。特殊性能钢主要用来制造除要求具有一定的力学性能，还要求具有特殊性能的工件。特殊性能钢的种类很多，机械制造行业主要使用的特殊性能钢有不锈钢、耐热钢和耐磨钢等。不锈钢是本节的重点内容，本版教材金属材料腐蚀的内容虽以阅读材料形式出现，但仍要求学生理解腐蚀的原理，掌握提高金属材料耐腐蚀性的措施——在钢中加入一定量的铬（≥12.5%），一方面使钢表面形成一层氧化膜，提高金属材料抗氧化能力；另一方面当含铬量超过12.5%时电极电位可发生突变升高，提高钢基体的电极电位，可有效提高其抵抗电化学腐蚀的能力，同时，加入合金元素，使钢在室温下以单相组织状态存在，以免形成微电池，从而提高其抵抗电化学腐蚀的能力。

一、不锈钢

不锈钢主要是指在空气、水、盐的水溶液、酸及其他腐蚀性介质中具有高度化学稳定性的钢。常用的不锈钢按化学成分主要分为铬不锈钢、铬镍不锈钢和铬锰不锈钢等；按金相组织特点又可分为马氏体不锈钢、铁素体不锈钢和奥氏体不锈钢等。在讲解具体的奥氏体不锈钢、马氏体不锈钢及铁素体不锈钢时，应使学生了解它们的成分、热处理和组织等特点。通过教学，要求学生掌握2~3个常用不锈钢的牌号及应用实例，如12Cr13、30Cr13、12Cr18Ni9等。

二、耐热钢

耐热钢是指在高温下具有良好的化学稳定性和较高强度，能较好地适应高温条件的特殊性能钢。一般钢在高温下，其氧化速度大于常温，并且随温度的升高，强度将下降。通过教学应使学生明确，钢中加入 Cr、Al 等合金元素后，如能形成致密的、高熔点的氧化膜，并牢固地覆盖于钢的表面，避免钢的进一步氧化，这种钢称为抗氧化钢，如 06Cr13Al。如果要求钢不但具有良好的抗氧化能力，而且具有较高的抗高温强度，通常就要调整钢的含碳量，同时还要加入 W、Mo 等元素以提高其回火稳定性，这种钢称为热强钢，如 45Cr14Ni14W2Mo。在教学中应结合常用的牌号分别说明它们抗氧化及具有高温强度的原因。

三、耐磨钢

耐磨钢是指在巨大压力和强烈冲击载荷作用下能发生强烈硬化的高锰钢。现行国家标准《铸钢牌号表示方法》（GB/T 5613—2014）规定高锰耐磨钢的牌号表示方法：ZG + 碳含量 + 合金元素符号及含量。碳含量用两位或三位阿拉伯数字表示（以万分之几计），合金元素符号及含量的表示方法同合金结构钢。高锰耐磨钢的典型牌号是 ZG120Mn13。教学时，应讲清此钢的成分及热处理特点，还要对水韧处理做讲解。教材中举出了大量的应用实例，可一一介绍给学生。由于耐磨钢通常都是铸造成形的，因而在牌号中用 ZG 表示铸钢。

*§6－7　钢的火花鉴别（试验）

钢的化学成分的鉴别方法有很多种，在要求不太严格的情况下，可利用火花鉴别法。这种方法由于简便易行，且火花特征不受热处理工艺的影响，所以是一种有实用价值的现场快速鉴别方法，在工厂中得到广泛应用。但要比较准确地通过火花特征鉴别出钢的含碳量和其中其他元素成分，则需要通过相当长的实践经验积累。因此，要提醒学生，本试验只是让他们通过体验和观察获得初步的感受，更重要的是在今后的生产实践中注意更多地观察和体会，以不断积累这方面的经验。

第七章 铸 铁

一、教学目的

1. 掌握铸铁的特点和分类。
2. 了解铸铁石墨化的概念及其影响因素。
3. 掌握常用铸铁的组织、性能、牌号及应用。

二、重点和难点

1. 重点

掌握铸铁的特点，以及常用铸铁的组织、性能和牌号。

2. 难点

掌握不同铸铁的性能特点及用途。

三、学时分配表

章节内容	总学时	授课学时	试验学时
§7-1　铸铁的组织与分类		2	
§7-2　常用铸铁	6	2	
*§7-3　铸铁的高温石墨化退火（试验）			2

四、教材分析与教学建议

由高炉炼出未经重熔的铁称为生铁，只有经过重熔的成分调整和铸造成形的铁才称为铸铁。铸铁是含碳量大于 2.11% 的铁碳合金，工业上常用铸铁的含碳量一般为 2.5% ~ 4.0%，此外还含有硅（Si）、锰（Mn）、硫（S）、磷（P）等元素。本章建立在铁碳合金相图及非合金钢的基础上，因此要求学生对已学过的上述内容做必要的复习，以保证教学过程顺利进行。本章的教学重点是灰铸铁、可锻铸铁、球墨铸铁和蠕墨铸铁的牌号，灰铸铁的优缺点，石墨的数量、形状、大小对灰铸铁力学性能的影响以及提高其力学性能的方法等。虽然铸铁的力学性能较差，但它具有一系列特性，因而在工业生产中仍为重要的材料之一，在各类机械中，铸铁件占有很大的比例，在农业机械中占 40% ~ 60%，在汽车、拖拉机制造业中占 50% ~ 70%，而在机床和重型机械制造业中占 60% ~ 90%，为了合理地使用钢铁材料，有必要掌握铸铁的牌号、性能和用途。

§7 –1　铸铁的组织与分类

一、铸铁的分类

根据铸铁在结晶过程中的石墨化程度不同，铸铁可分为灰口铸铁、白口铸铁和麻口铸铁三类。其中灰口铸铁又可根据铸铁中石墨形态的不同，分为普通灰铸铁、可锻铸铁、球墨铸铁及蠕墨铸铁。在教学中可教学生区分记忆这几种铸铁名称的方法，如形状记忆法，球墨铸铁的显微组织中石墨呈球状，蠕墨铸铁的显微组织中石墨呈蠕虫状。

二、铸铁的石墨化

铸铁的性能与其内部组织密切相关，由于铸铁中的含碳量、含硅量较高，所以铸铁中的碳大部分不再以渗碳体的形式存在，而是以游离的石墨状态存在。铸铁中的碳以石墨形式析出的过程称为石墨化。石墨化程度受到很多因素的影响，本教材介绍了主要的影响因素，即化学成分和冷却速度。通过教学，使学生认识到石墨化程度的不同将使铸铁得到不同的组织，从而使其具有不同的性能。

三、铸铁的组织与性能的关系

铸铁的力学性能主要取决于基体的组织和石墨的形态、数量、大小以及分布状态，其中基体的组织一般可通过不同的热处理加以改变，但石墨的形态和分布却无法改变，故要想得到小而分布均匀的石墨就需在石墨化时对其析出过程加以控制。

在讲授不同形态的石墨对基体的影响时，可通过下面的简单演示试验来加以说明。

1. 取一张旧报纸，揉皱后再展平（使其变得更有韧性）。

2. 在报纸上仿照铸铁中几种常见的石墨形态挖几个孔洞，如图 7 - 1 所示。

图 7 - 1　在报纸上挖出孔洞

3. 请两位学生用手捏住报纸两边，慢慢施加拉力，请学生一起观察报纸最先从什么部位撕裂。

这个试验也可以每两个孔洞进行比较，更具有说服力。

§7-2 常用铸铁

一、灰铸铁

灰铸铁的化学成分一般为：$C(2.7\% \sim 3.6\%)$、$Si(1.0\% \sim 2.2\%)$、$S(<0.15\%)$、$P(<0.3\%)$，其组织由金属基体和在基体中分布的片状石墨组成。通过教学，使学生了解灰铸铁的性能主要取决于基体的性能和石墨的数量、形状、大小和分布情况。同时，使学生明确铸铁中虽因石墨的存在而使其力学性能远不如钢，但也带来一系列其他的优越性能。铸铁具有较好的流动性，并且在凝固时会析出密度较小的石墨，从而减小其收缩率，故铸铁具有优良的铸造性；由于石墨具有割裂基体连续性的作用，使切屑易脆断，从而使铸铁具有良好的切削加工性；由于石墨本身的润滑作用，加上铸件表面的石墨掉落而形成孔洞，可储存润滑油，故铸铁又有良好的耐磨性；又由于石墨的组织松软，能吸收振动，因而使铸铁具有良好的减振性；此外，片状石墨本身就相当于许多微小的裂纹和孔洞，所以铸铁具有低的缺口敏感性。通过教学，使学生明确为了提高灰铸铁的力学性能，一方面要改变石墨的数量、大小和分布，另一方面要增加基体中珠光体的数量。因此，孕育处理时应适当调整其化学成分，以降低石墨化程度，避免石墨数量的增多及粗大，当加入具有石墨化作用的孕育剂后，促使铸铁在凝固过程中产生大量的人工晶核，这样不仅可以防止白口，还可使石墨片显著细化，从而得到较高强度的孕育铸铁。

关于灰铸铁的牌号，要求学生掌握牌号中符号及数字的含义。关于灰铸铁的用途，应要求学生了解随零件受力情况的不同，需选用不同类别的灰铸铁，教学时可分别举例予以说明。

二、可锻铸铁

可锻铸铁俗称玛钢、马铁。它是白口铸铁通过石墨化退火，使渗碳体分解成团絮状的石墨而获得的。由于石墨呈团絮状，相对于片状石墨而言，减轻了对基体的割裂作用和应力集中，因而可锻铸铁与灰铸铁相比，有较高的强度，塑性和韧性也有很大的提高。因其具有一定的塑性变形的能力，故称可锻铸铁，实际上可锻铸铁并不能锻造。

可锻铸铁是由白口铸铁经石墨化退火而获得的，为保证在浇注时获得白口铸铁件，而在随后的石墨化退火时，又不致使石墨析出发生困难，对可锻铸铁的成分有一定的要求，通常是适当减少碳、硅等石墨化元素的含量，但又不能太低，因此可锻铸铁的化学成分应限制在一定的范围内，而且铸件的截面尺寸不能太大，以保证浇注时有足够的冷却速度而得到白口铸铁件。石墨化退火时，根据具体工艺和条件的不同，可得到常用的黑心可锻铸铁及珠光体可锻铸铁，它们具有不同的性能。

讲解可锻铸铁的牌号时，要求学生掌握牌号中符号及数字的含义。讲解用途时，可运用与灰铸铁比较的方法来说明选材的依据，以使学生加深理解。

三、球墨铸铁

铁液在浇注前经球化处理，使析出的石墨大部分或全部呈球状的铸铁称为球墨铸铁。球化处理是在铁液浇注前加入少量的球化剂及孕育剂，使石墨以球状析出。球墨铸铁的组织特点是球状石墨分布在各种基体上。通过教学，使学生认识到由于球状石墨割裂基体的作用较小，基体的作用可以充分发挥，而石墨的优越性仍然存在，所以在一般情况下球墨铸铁兼有灰铸铁与钢的优点，既有较好的铸造性、切削加工性、减摩性、消振性和低的缺口敏感性，又有相当高的抗拉强度和屈服强度。教学时可举一些通俗易懂的例子，使学生对以上问题充分理解。

球墨铸铁在铸态下，其基体往往是铁素体、珠光体，甚至有自由渗碳体同时存在的混合组织，生产中需经不同的热处理以获得铁素体、铁素体加珠光体、珠光体等基体组织，不同基体的球墨铸铁具有不同的性能，如铁素体基体的球墨铸铁，塑性和韧性较高而强度与耐磨性较低，而珠光体基体的球墨铸铁的性能正好与上述相反。

关于球墨铸铁的牌号，要求学生掌握牌号中符号及数字的含义，教学时应向学生指出，球墨铸铁牌号中的 QT900 - 2 是经等温淬火而得到的，因而它的基体组织为下贝氏体。另外，要使学生认识到，由于球墨铸铁具有比较优良的性能，如疲劳强度接近中碳钢，多种抗力大于中碳钢，而屈服强度比几乎比钢高一倍等，因而可以"以铁代钢"，用于制作受力复杂、负荷较大且耐磨的机械零件。教学时可举一些实际的例子来讲解，例如，用球墨铸铁来代替钢生产曲轴，其耐磨性可提高数倍，不仅延长了使用寿命，而且降低了成本。

四、蠕墨铸铁

蠕墨铸铁是近代发展起来的一种新型结构材料，它是在高碳、低硫、低磷的铁液中加入蠕化剂（目前采用的蠕化剂有镁钛合金、稀土镁钛合金或稀土镁钙合金），经蠕化处理后，使石墨变为短蠕虫状的高强度铸铁。蠕虫状石墨介于片状石墨和球状石墨之间，金属基体和球墨铸铁相近，减振性、导热性、耐磨性、切削加工性和铸造性能又近似于灰铸铁。教学时要求学生了解蠕墨铸铁的概念，掌握蠕墨铸铁牌号中符号及数字的含义。

五、常用铸铁的热处理

对于已形成的铸铁组织，通过热处理只能改变其基体组织，但不能改变石墨的大小、数量、形态和分布，因而对灰铸铁而言，通过热处理来提高其力学性能的作用不大，对灰铸铁进行的热处理主要是为了减小构件的内应力，提高表面硬度和耐磨性，以及消除因冷却过快而在铸件表面产生的白口组织。

可锻铸铁是通过先浇注成白口铸铁，再通过不同的退火工艺来获得不同的基体组织和团絮状石墨的，所以一般不再进行其他热处理。球墨铸铁由于石墨对基体的割裂作用小，可通过热处理改变其基体的组织来提高和改善其力学性能，故生产中常常采用不同的热处理方法来改善其性能。蠕墨铸铁由于石墨的割裂作用比灰铸铁小，浇注后的组织中有较多的铁素体存在，通常可通过正火使其获得以珠光体为主的基体组织，在一定程度上提高其力学性能。

*§7-3　铸铁的高温石墨化退火（试验）

在生产中，铸铁的高温石墨化退火主要应用于两种情况，一种情况是灰铸铁在冷却过程中由于表面冷却速度过快而产生白口组织，从而难以进行后续要进行的切削加工工序，需要通过高温石墨化退火来消除白口组织，通常把这种高温石墨化退火称为软化退火；另一种情况是生产可锻铸铁件时，首先要浇注成白口铸铁，再经过高温石墨化退火使白口组织中的渗碳体以团絮状石墨形态析出，也称为可锻化退火。本节试验所进行的高温石墨化退火是指软化退火。高温石墨化退火过程中加热和冷却所需的时间较长，软化退火加热通常需要 8～10 h，冷却则需要 4～7 h，加上保温时间整个试验过程需要 15 h 左右，而可锻化退火所需的时间更长。显然，由于整个退火工艺所需的时间太长，不可能让学生来完成全过程的试验，所以在组织试验时重点应放在退火前后两个阶段的断口分析与硬度检测上，对于试验中的退火过程，主要让学生体验一下装炉和出炉的操作即可。

第八章　有色金属与硬质合金

一、教学目的

1. 了解常用有色金属及其合金的分类、编号、性能及用途。
2. 掌握常用硬质合金的牌号、性能及主要用途。
3. 了解部分有色金属及其合金的强化手段。

二、重点和难点

1. 重点

掌握铜与铜合金、铝与铝合金、硬质合金的牌号表示方法；了解常用有色金属的性能特点；掌握硬质合金的合理选用方法。

2. 难点

铜合金及铝合金的牌号是教学中的难点。

三、学时分配表

章节内容	总学时	授课学时	试验学时
§8－1　铜与铜合金		1	
§8－2　铝与铝合金		1	
§8－3　钛与钛合金		1	
§8－4　滑动轴承合金	7	1	
§8－5　硬质合金		1	
§8－6　常用有色金属与硬质合金的性能（试验）			2

四、教材分析与教学建议

本章教材主要介绍了有色金属及其合金、硬质合金的基本知识，有色金属是除黑色金属以外的其他金属的总称，虽然它们的产量及使用量不及黑色金属多，但由于它们具有某些特殊的性能和优点，故已成为现代工业和日常生活中不可缺少的材料。硬质合金是一种粉末冶金材料，它可制作高速切削和切削硬而韧材料的刀具，也可制作某些冷作模具及高耐磨性零件。通过本章内容的学习，要求学生对上述知识有充分的认识，以便合理地选择和使用有色金属及硬质合金。

本章内容的特点是涉及的金属元素多，因而元素符号多，牌号的种类也多，在教学时应采用各种不同的教学方法，以免学生混淆。

§8-1　铜与铜合金

由于铜与铜合金具有良好的导电性、导热性、抗磁性、耐腐蚀性和工艺性，故在电气工业、仪表工业、造船业及机械制造业中得到了广泛的应用。

一、纯铜

教材中介绍了纯铜的性能及应用场合，还介绍了工业纯铜的牌号、成分及用途。在教学时，对其性能应以导电性、导热性、耐腐蚀性等为主进行讲解。通过教学，使学生了解工业纯铜的一般应用情况。

二、铜合金

纯铜强度低，虽然冷加工变形可提高其强度，但塑性显著降低，不能制作受力的结构件。为了满足制作结构件的要求，工业中广泛采用在铜中加入合金元素的方法制成性能得到强化的铜合金。常用的铜合金有高铜合金、黄铜、白铜和青铜。

讲解铜合金时，要注意以下几点。①现行国家标准《铜及铜合金牌号和代号表示方法》（GB/T 29091—2012）规定：高铜合金以"T＋第一主添加元素化学符号＋各添加元素含量（数字间以'－'隔开)"命名；②现行国家标准《铜及铜合金术语》（GB/T 11086—2013）修改了黄铜、青铜、白铜的术语定义，增加了高铜合金的术语定义；③现行国家标准《加工铜及铜合金牌号和化学成分》（GB/T 5231—2022）将原来的铍青铜编入高铜合金系列。

讲解黄铜时，应使学生知道黄铜是以铜为基体金属，主要由铜和锌组成的合金。铜与唯一的合金元素锌组成的合金，称为普通黄铜；在普通黄铜的基础上，再加入其他合金元素所组成的合金，则称为特殊黄铜。所以，从根本上说，黄铜就是以铜与锌为主的合金。讲解普通黄铜时，应使学生明确随着含锌量的不同，铜锌合金中将会产生不同的组织，因此具有不同的性能，故适用于不同的加工方式。讲解特殊黄铜时，应使学生了解加入合金元素的目的是改善普通黄铜的性能，如力学性能、耐腐蚀性、铸造性及切削加工性等，以适应工程技术上的需求。

讲解白铜时，应使学生知道白铜是以铜为基体金属，主要由铜和镍组成的合金。Ni 和 Cu 在固态下能完全互溶，所以各类铜镍合金均为单相 α 固溶体，具有良好的冷、热加工性能，不能进行热处理强化，只能用固溶强化和加工硬化来提高其强度。

讲解青铜时，应使学生知道青铜是以铜为基体金属，除锌和镍以外的其他元素为主添加元素的合金。换句话说，除黄铜、白铜外，其余的铜合金统称为青铜。讲普通青铜时，要讲清锡对锡青铜性能的影响，为改善锡青铜的耐磨性、流动性和切削加工性等，还可以加入磷、锌、铅等合金元素，但要使学生明白，此时的合金仍称为锡青铜。讲铝青铜、硅青铜、锰青铜时，要使学生知道，加入铝、硅、锰后所形成的铜合金通常比锡青铜具有更好的性能（如力学性能、耐腐蚀性和耐磨性等），有些还可通过淬火或时效来进一步提高其力学性能。

通过教学，要求学生掌握铜合金牌号的表示方法，教学时可举例予以说明，要求学生了解铜合金应用的基本常识。

§8－2　铝与铝合金

教材主要介绍了铝的性能特点及其应用场合，介绍了纯铝的牌号、成分及用途。在教学时，对纯铝的性能特点，应以导电性、导热性和耐腐蚀性为主进行讲解，针对其特点使学生了解其一般应用情况。纯铝有冶炼产品（铝锭）和加工产品（铝材）两种，讲解铝合金的分类、热处理特点及常用的铝合金时应注意，首先要使学生明确的是工程结构上应用纯铝不多，这是由于其硬度和强度不高，生产中主要应用的是铝合金。讲述铝合金分类时，通过对以铝为基体的二元合金相图的分析，使学生认识到铝合金可分为变形铝合金和铸造铝合金，并指出这种分类方法符合一般情况，但并不是绝对的，在某些情况下会有例外，如有些铝合金，其溶质成分虽超过 D 点，但仍可进行压力加工，因此仍属于变形铝合金。

由于纯铝没有同素异构转变，以铝为基体形成的二元合金仅有溶解度的变化，因而它的热处理原理与钢不同，这部分教材中所提的淬火，虽也是加热形成单相的组织，进行淬火后得到过饱和的固溶体，但其强度和硬度与淬火前相比并无多大变化，其强化效果是通过随后进行的时效处理而获得的。通过教学，使学生建立正确的时效概念，以免与钢的淬火处理混淆。

通过教学，要求学生对变形铝合金中的防锈铝合金、硬铝合金、超硬铝合金和锻铝合金的性能、牌号命名方法及用途有基本了解，对铸造铝合金的力学性能、牌号及一般用途有基本了解。教学时，可分别举例予以说明。

§8-3 钛与钛合金

钛是一种新金属，由于钛与钛合金具有较高的比强度、极佳的耐腐蚀性和耐热性等，被越来越广泛地应用于各个领域。学生在将来的生产实践中也会越来越多地接触到钛与钛合金。本节对钛与钛合金的分类、性能和用途只做了一般了解性的介绍。

一、纯钛（Ti）

纯钛是一种银白色并具有同素异构转变现象的金属。钛在882 ℃以下为密排六方晶格，称为 α 型钛（α–Ti）；在882 ℃以上为体心立方晶格，称为 β 型钛（β–Ti）。纯钛密度小($4.508\ \mathrm{g/cm^3}$）、熔点高（1 677 ℃），热膨胀系数小，塑性好，容易加工成形，可制成细丝、薄片；在550 ℃以下有很好的耐腐蚀性，不易氧化，在海水和蒸汽中的耐腐蚀能力比铝合金、不锈钢和镍合金还好。

二、钛合金

目前世界上已研制出的钛合金有数百种，最著名的钛合金有二十余种，常用的钛合金可以分为 α 型、β 型、α–β 型三类。

在授课时，要求对 α–β 型钛合金做重点讲解。

α–β 型钛合金除含有铬、钼、钒等 β 相稳定元素外，还含有锡、铝等 α 相稳定元素。在冷却到一定温度时发生 β→α 相转变，室温下为 α–β 两相组织。

α–β 型钛合金的强度、耐热性和塑性都比较好，并可以热处理强化，应用范围较广。应用最广的是 TC4（钛铝钒合金），它具有较高的强度和良好的塑性，在400 ℃时组织稳定，强度较高，抗海水腐蚀能力强。

对于机械加工专业的学生而言，更重要的是为他们讲解钛与钛合金加工性能方面的知识。应当指出，钛合金的工艺性差，切削加工困难，其主要原因是钛合金的变形系数小，切削温度高，单位面积上的切削力大，冷硬现象严重，刀具易磨损，因此，切削钛合金也有特殊的工艺要求，这里不做详细介绍。

§8-4　滑动轴承合金

滑动轴承由轴承体和轴瓦构成，轴瓦与轴为直接面接触。制造滑动轴承中轴瓦及内衬的合金称为滑动轴承合金。与滚动轴承相比，滑动轴承具有承压面积大、承载能力强、工作平稳、无噪声、装拆方便、使用寿命长等优点，一般用于载荷大、承受较大冲击和振动精度高的情况以及某些特殊的支承场合，如内燃机、轧钢机、大型电动机及仪表、雷达、天文望远镜等。由于轴是机器上的重要零件，其制造工艺复杂、成本高、更换困难，为确保轴磨损最小，轴瓦的硬度应比轴低得多，必要时可更换被磨损的轴瓦而继续使用轴，这样就能节约维修成本，延长设备的使用寿命。

教师在讲解滑动轴承时可借助视频、挂图或实物以增强学生的感性认识，通过分析滑动轴承的服役条件，总结出滑动轴承合金应具备软硬兼备的理想的组织：软基体和均匀分布的硬质点，或是硬基体上分布着软质点。

本节的重点是滑动轴承合金的牌号表示方法与滑动轴承合金的分类。滑动轴承的毛坯件通常是用铸造加工的方法获得的，其牌号是在前面冠以"铸"字汉语拼音第一个字母 Z 表示，属于铸造合金，即 Z + 基体金属元素 + 主加元素符号 + 主加元素含量 + 其他加入元素符号及含量。这种表示方法和前面学习的铸造铜合金、铸造铝合金的牌号表示方法是一致的，教师可通过复习铸造铜合金、铸造铝合金的牌号表示方法，引出滑动轴承合金的牌号表示方法，做到温故知新；在讲解滑动轴承合金的分类时可参照教材表 8-12 讲解，同时要讲清楚锡基与铅基轴承合金又称巴氏合金，是软基体和均匀分布的硬质点组织。铜基与铝基轴承合金是硬基体上分布着软质点组织。

本节的难点是滑动轴承合金的应用，可参照教材表 8 – 13 讲解，重点讲解锡基与铅基轴承合金的应用。

§8 –5 硬 质 合 金

本节首先说明硬质合金是一种粉末冶金材料，它是在现代化工业的高速发展对金属材料特别是工具材料提出了更高要求的情况下产生的，它不但可以加工高速钢刀具不能加工的钢材，而且延长了刀具的使用寿命。教材还介绍了硬质合金的性能特点和常用硬质合金的牌号。

硬质合金的性能特点有两点，其中以硬度高、红硬性高和耐磨性好为重点。教学时，应讲清硬质合金之所以具有这个性能特点，是由于使用了高强度、高熔点、高耐磨性、极为稳定的碳化物作为硬质合金骨干。

常用的硬质合金主要有钨钴类、钨钴钛类及钨钛钽（铌）类三种。教学时，应对它们的成分、性能规律及应用进行分析。通过教学，使学生了解其代号的表示方法及其意义，并使学生知道硬质合金主要用来制造高速切削刀具和切削硬而韧材料的刀具。另外，它也可用于制造某些冷作模具、量具和不受冲击的高耐磨零件。

§8 –6 常用有色金属与硬质合金的性能（试验）

通过简单试验直接比较，使学生获得对常用有色金属材料一些物理性能、力学性能和切削性能的直接感受和体验，教给学生一些简单实用的比较方法和试验方法，以便他们在今后的工作中对所接触的常用材料有更深刻的认识。通过比较，使学生对所接触材料的性能有更准确的把握，以帮助他们更快更好地适应所从事的金属材料加工方面工作的要求。

* 第九章 国外金属材料牌号及新型工程材料简介

一、教学目的

1. 了解一些主要工业国家的标准名称。
2. 了解 ISO 标准材料牌号命名方法。
3. 了解新型工程材料的发展。
4. 能通过查阅相关资料进行中外材料的对照。

二、重点和难点

1. 重点

本章重点是了解我国的材料牌号命名方法与国际标准化组织的材料牌号命名方法之间所存在的差异。

2. 难点

由于各国传统习惯和材料种类均不相同，所以到目前为止，各国的材料牌号表示方法尽管在逐步向 ISO 标准靠拢，但仍存在着较大的差异，而 ISO 标准主要是在欧洲国家的标准上发展起来的，通过对比让学生了解国产钢铁材料现行牌号与 ISO 标准间的差别是本章教学的难点。

三、学时分配表

章节内容	总学时	授课学时
§9 – 1 国外常用金属材料的牌号	2	1
§9 – 2 新型工程材料		1

四、教材分析与教学建议

随着我国经济的快速发展，人们在日常工作中越来越多地遇到一些国外产品的转包加工，外资企业在国内经营生产以及国内企业在加工中也越来越多地使用进口材料和一些先进的新型工程材料。鉴于这一情况，为了让学生毕业后能更快更好地适应其所要从事的工作岗位，教材中特意增加了本章的相关内容（选学）。建议教师在教学过程中能更多地从学生今后工作的具体需要去考虑，来完成本章的教学内容。

§9-1 国外常用金属材料的牌号

建议先对我国铝合金牌号和钢铁牌号的命名方法进行回顾复习，通过电子课件演示，观察对比各国铝合金牌号的不同之处，然后针对教材表9-2的内容进行国内外相近材料牌号命名方法的对比讲解。目前在材料命名时所涉及的各国标准主要有以下内容。

一、国内标准

国内标准分为国家标准（GB）、行业标准（如机械行业标准 JB）、地方标准（DB）、企业标准（QB）四级。我国的国家标准由国家市场监督管理总局颁布，分为强制性国家标准（GB）和推荐性国家标准（GB/T）。国家标准的编号由国家标准的代号、国家标准发布的顺序号和国家标准发布的年份号构成。

二、国外标准

国外常用的标准主要有国际标准化组织制定的标准（ISO）、欧洲标准化委员会制定的欧洲标准（EN）、德国标准化协会制定的德国国家标准（DIN）、美国材料与试验协会制定的标准（ASTM）、法国标准化协会制定的法国国家标准（NF）、日本工业标准调查会制定的日本工业标准（JIS）和英国标准协会制定的英国国家标准（BS）等。

§9-2 新型工程材料

尽管新型工程材料部分介绍的大多不是金属材料，但它们代表了今后工程材料应用的方向和发展趋势，所以对于将来要从事加工制造业的学生而言，对新型工程材料有一个初步的了解具有非常重要的作用。因此，教师在讲授时应注重对这些材料优越性能的介绍，并可建议学生通过网络学习来增加对这类材料的认识和了解。

附录

《金属材料与热处理（第八版）习题册》参考答案

绪　论

一、填空题

1. 石器　青铜器　铁器　水泥　钢铁　硅　新材料
2. 材料　能源　信息
3. 金属　非金属　金属
4. 金属材料的基本知识　金属的性能　金属学基础知识
热处理的基本知识　金属材料及其应用
5. 成分　热处理　用途

二、选择题

1. A　2. B　3. C

三、思考与练习

1. 答：为了能够正确地认识和使用金属材料，合理地确定不同金属材料的加工方法，充分发挥它们的潜力，就必须熟悉金属材料的牌号，了解它们的性能和变化规律。为此，需要比较深入地学习和了解有关金属材料与热处理的相关知识。

2. 答：

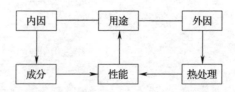

3. 答：要弄清楚重要的概念和基本理论，按照材料的成分和热处理决定其性能、性能又决定其用途这一内在关系进行学习和记忆；注意理论联系实际，认真完成作业和试验等教学环节，就可以学好金属材料与热处理这门课程。

第一章　金属的结构与结晶

§1-1　金属的晶体结构

一、填空题

1. 非晶体　晶体　晶体

2. 体心立方　面心立方　密排六方　体心立方　面心立方
密排六方

3. 晶体缺陷　点缺陷　线缺陷　面缺陷

二、判断题

1. √　2. √　3. ×　4. ×

三、选择题

1. A　2. C　3. C

四、名词解释

1. 答：晶格是假想的反映原子排列规律的空间格架；晶胞是能够完整地反映晶体晶格特征的最小几何单元。

2. 答：只由一个晶粒组成的晶体称为单晶体；由很多大小、外形和晶格排列方向均不相同的晶粒所组成的晶体称为多晶体。

五、思考与练习

答：以下三种金属晶格的名称分别为：

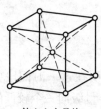 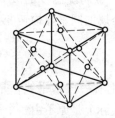 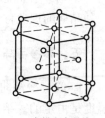

体心立方晶格   面心立方晶格   密排六方晶格

§1-2 纯金属的结晶

一、填空题

1. 液体状态　固体状态

2. 过冷度

3. 冷却速度　冷却速度　低

4. 形核　长大

5. 强度　硬度　塑性

二、判断题

1. ×　2. ×　3. ×　4. √　5. ×　6. √

三、选择题

1．C B A　2．B　3．A　4．A

四、名词解释

1．答：结晶指金属从高温液体状态冷却凝固为原子有序排列的固体状态的过程。在结晶的过程中放出的热量称为结晶潜热。

2．答：在固态下，金属随温度的改变由一种晶格转变为另一种晶格的现象称为金属的同素异构转变。

五、思考与练习

1．答：冷却曲线上有一段水平线，是说明在这一时间段中温度是恒定的。结晶实际上是原子由一个高能量级向一个较低的能量级转化的过程，所以在结晶时会放出一定的结晶潜热，结晶潜热补偿了散失在空气中的热量，使正在结晶的金属处于一种动态的热平衡，所以纯金属结晶是在恒温下进行的。

2．答：金属结晶后，一般是晶粒越细，强度、硬度越高，塑性、韧性也越好，所以控制材料的晶粒大小具有重要的实际意义。生产中常用的细化晶粒的方法有增加过冷度、采用变质处理和采用振动处理等。此外，对于固态下晶粒粗大的金属材料，可通过热处理的方法来细化晶粒。

3．答：（1）铸成薄件的晶粒小于铸成厚件的晶粒。

（2）浇注时采用振动的晶粒小于不采用振动的晶粒。

（3）金属模浇注的晶粒小于砂型浇注的晶粒。

六、分析题

1．答：（1）理论结晶温度曲线　实际结晶温度曲线

（2）开始结晶　结晶完毕

（3）液体　液体+固体　固体

（4）过冷度

2. 答：（1）大于　相等

（2）高　慢　细

（3）细

（4）形核率　长大速率

3. 答（1）1 538 ℃　液体

（2）1 394 ℃　体心立方晶格

（3）912 ℃　面心立方晶格

（4）770 ℃　体心立方晶格

§1-3　观察结晶过程（试验）

1. 答：由于液态金属的结晶过程难以直接观察，而盐类也是晶体物质，其溶液的结晶过程和金属很相似，区别仅在于盐类是在室温下依靠溶剂蒸发使溶液过饱和而结晶，金属则主要依靠过冷，故完全可通过观察透明盐类溶液的结晶过程来了解金属的结晶过程。

2. 答：

序号	结晶示意图	简述结晶过程
第一阶段		第一阶段开始于液滴边缘，因为该处最薄，蒸发最快，易于形核，故产生大量晶核而先形成一圈细小的等轴晶

序号	结晶示意图	简述结晶过程
第二阶段		第二阶段形成较粗大的柱状晶。因液滴的饱和顺序是由外向里，故位向利于生长的等轴晶得以继续长大，形成伸向中心的柱状晶
第三阶段		第三阶段是在液滴中心形成杂乱的枝晶，且枝晶有许多空隙

　　3. 答：观察氯化铵水溶液因溶剂蒸发而结晶的过程，可以发现：

　　（1）晶体按树枝状方式长大。在晶核开始成长的初期，因其内部原子规则排列的特点，其外形是比较规则的，但随着晶核的成长，形成了晶体的棱边和顶角，由于棱边和顶角处的散热条件优于其他部位等原因，晶粒在棱边和顶角处就能优先成长，其生长方式像树枝一样，先长出枝干（称为一次晶轴），然后再长出分枝（称为二次晶轴），以此类推，这些晶轴彼此交错，宛如枝条茂密的树枝，这种成长方式叫"枝晶成长"。

　　（2）结晶包括晶核的形成和长大两个过程。

第二章　金属材料的性能

§2－1　金属材料的损坏与塑性变形

一、填空题

1. 使用性能　工艺性能
2. 变形　断裂　磨损
3. 静　冲击　交变
4. 弹性　塑性　塑性
5. 外部形状　内部的结构
6. 材料内部　外力相对抗

二、判断题

1. √　2. ×　3. √　4. √　5. ×　6. √

三、名词解释

1. 答：弹性变形是指外力消除后能够恢复的变形；塑性变形是指外力消除后无法恢复的永久性的变形。

2. 答：工件或材料在受到外部载荷作用时，为保持其不变形，在材料内部产生的一种与外力相对抗的力，称为内力。单位横截面积上的内力——应力。

四、思考与练习

1. 答：加工硬化又叫形变强化，是一种重要的金属材料强化手段，对那些不能用热处理强化的金属材料尤为重要；此外，它还可使金属材料具有偶然抗超载的能力。塑性较好的金属材料在发生变形后，由于形变强化的作用，必须承受更大的外部载荷才会发生破坏，这在一定程度上提高了金属构件在使用中的安全性。

2. 答：反复弯折处逐渐变硬，弯折越来越困难直至断裂。原因是反复弯折使铁丝局部塑性变形量增大，产生了形变强化的现象。

§2-2　金属材料的力学性能

一、填空题

1. 静　塑性变形　断裂
2. 屈服强度　抗拉强度　R_{eL}　R_m
3. 屈服强度（R_{eL}）　规定塑性延伸强度（$R_{p0.2}$）
4. 3.14×10^6 N　5.3×10^6 N
5. 塑性变形　断后伸长率（A）　　断面收缩率（Z）
6. 58%　76%
7. 5　硬质合金　7 355.25　10~15　布氏　500
8. 冲击　不破坏
9. 10^7　10^8
10. R_{eL}　R_m　HRC　A　Z　K　R_{-1}

二、判断题

1. ×　2. ×　3. ×　4. √　5. √　6. √　7. √　8. √
9. √　10. √　11. √

三、选择题

1. B　2. C　3. B　4. A　5. A　6. A　7. C　8. B

四、名词解释

1. 答：屈服强度是指拉伸过程中材料发生塑性变形而力不增加时的应力点。它分上屈服强度 R_{eH} 和下屈服强度 R_{eL}。

2. 答：材料在断裂前所能承受的最大力的应力称为抗拉强度，用 R_m 表示。

3. 答：材料抵抗局部变形特别是塑性变形、压痕或划痕的能力称为硬度。

五、思考与练习

1. 答：

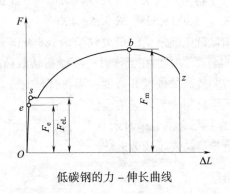

低碳钢的力–伸长曲线

弹性变形阶段：F_e 为发生最大弹性变形时的载荷。外力一旦撤去，则变形完全消失。

屈服阶段：外力大于 F_e 后，试样发生塑性变形；当外力增加到 F_{eL} 后，曲线为锯齿状，这种拉伸力不增加变形却继续增加的现象称为屈服，F_{eL} 为屈服载荷。

强化阶段：外力大于 F_{eL} 后，试样再继续伸长则必须不断增加拉伸力。随着变形增大，变形抗力也逐渐增大，F_m 为试样在屈服阶段后所能抵抗的最大力。

颈缩阶段：当外力达到最大力 F_m 后，试样的某一直径处发生局部收缩，称为颈缩。此时截面缩小，变形继续在此截面发生，所需外力也随之逐渐降低，直至断裂。

2. 答：

材料	硬度测量法	硬度值符号
铝合金半成品	布氏硬度或洛氏硬度 B 标尺	HBW 或 HRBW
一般淬火钢	洛氏硬度 C 标尺	HRC
铸铁	布氏硬度	HBW
表面氮化层	维氏硬度	HV

3. 答：因是环形链条，故链条的截面积为：

$$S_o = 2(\pi d^2/4) \approx 2 \times (3.14 \times 20^2/4) \text{ mm}^2 = 628 \text{ mm}^2$$

$$F_m = R_m S_o = (300 \times 628) \text{ N} = 188\ 400 \text{ N}$$

由此可知该链条能承受的最大载荷是 188 400 N。

4. 答：自行车的中轴在工作时主要受扭转载荷和弯曲载荷，故所用材料需要较高的硬度和强度；而自行车的链盒需要通过冲压成形，故所用材料需要较好的塑性和韧性。

5. 答：由于齿轮在工作时承受交变载荷，而车床导轨承受静载荷，故齿轮容易发生疲劳破坏。

六、分析题

1. 答：（1）弹性变形　28 mm

（2）屈服　254.78 MPa

（3）强化　382.17 MPa

（4）颈缩　35%

2. 答：（1）布氏　洛氏

（2）压痕直径 d　压痕深度 h_1　压痕深度 h_2

（3）235HBW10/1000/30

（4）32　32HRC

§2－3　金属材料的物理性能与化学性能

一、填空题

1. 密度　熔点　电性能　热性能　磁性能
2. 固态　液态　固定
3. 导电性　电阻率　好　银
4. 热导率
5. 热膨胀性　热加工　热处理
6. 磁性　铁磁性材料　顺磁性材料　抗磁性材料
7. 耐蚀性　高温抗氧化性

二、判断题

1. ×　2. ×　3. √　4. ×　5. √　6. √　7. ×

三、选择题

1. C　2. C　3. B　4. A　5. B

四、名词解释

1. 答：金属材料随着温度变化而膨胀、收缩的特性称为热膨胀性。

2. 答：金属材料在磁场中被磁化的性能称为磁性。

3. 答：金属材料在常温下抵抗氧、水及其他化学物质腐蚀破坏的能力称为耐腐蚀性。

五、思考与练习

1. 答：（略）。

2. 答：使材料在迅速氧化后能在表面形成一层连续而致密并与母体结合牢靠的膜，从而阻止深层金属进一步氧化。

§2−4 金属材料的工艺性能

一、填空题

1. 铸造 锻压 焊接 切削加工 热处理
2. 流动性 收缩性 偏析倾向
3. 塑性 变形抗力

二、判断题

1. √ 2. √ 3. × 4. √

三、选择题

1. A 2. A 3. A 4. A

四、名词解释

1. 答：金属材料的工艺性能是指金属材料对不同加工工艺方法的适应能力。

2. 答：热处理性能是金属材料在热处理过程中表现出来的各种性能，如淬透性、淬硬性、过热敏感性、变形开裂倾向等。

§2−5 力学性能试验

试验1 拉伸试验

1. 答：通过拉伸试验可测量塑性材料（低碳钢）的强度衡量指标：屈服强度 R_{eL}、抗拉强度 R_m；塑性衡量指标：断后伸长率 A 和断面收缩率 Z，以及脆性材料（高碳钢、铸铁）的规定塑性延伸强度 $R_{p0.2}$。

2. 答：（略）。

试验2 硬度测试

1. 答：（略）。

2. 答：布氏硬度试验法的优点：压痕直径较大，能较准确地反映材料的平均性能。且由于强度和硬度间有一定的近似比例关系，因而在生产中较为常用。

布氏硬度试验法的缺点：由于测压痕直径费时费力，操作时间长，不适于测高硬度材料；压痕较大，只适合毛坯和半成品的测试，而不宜对成品及薄壁零件测试。

洛氏硬度试验法的优点：操作简单、迅速，可直接从表盘上读出硬度值；压痕直径很小，可以测量成品及较薄工件；测试的硬度值范围较大，可测从很软到很硬的金属材料，所以在生产中广为应用，其中 HRC 的应用尤其广泛。

洛氏硬度试验的缺点：由于压痕小，当材料组织不均匀时，测量值的代表性差。一般需在不同的部位测试几次，取读数的平均值代表材料的硬度。

第三章 铁碳合金

§3－1 合金及其组织

一、填空题

1. 金属 非金属 金属特性

2. 相

3. 固溶体 金属化合物 混合物

4. 间隙固溶体 置换固溶体

5. 相互作用 金属特性 熔点 硬度 脆性

二、判断题

1. ×　2. √　3. √　4. √　5. √

三、选择题

1. B　2. A　3. C

四、名词解释

1. 答：通过溶入溶质元素形成固溶体而使金属材料强度、硬度提高的现象称为固溶强化。

2. 答：溶质与溶剂之间可以任何比例无限互相溶解形成的固溶体，称为无限固溶体。溶质只能在溶剂中有限溶解的，称为有限固溶体。

五、分析题

1. 答：置代原子　间隙原子　空位
2. 答：晶体缺陷
3. 答：增加　固溶强化
4. 答：置换固溶体　无限固溶体

§3-2　铁碳合金的基本组织与性能

一、填空题

1. 铁素体　奥氏体　渗碳体　珠光体　莱氏体
2. 铁素体　奥氏体　渗碳体
3. 塑性　韧性　强度　硬度
4. 铁素体　奥氏体　渗碳体　珠光体　莱氏体
5. F　A　Fe_3C　P　Ld　L'd
6. 2.11%　0.77%

7. 奥氏体　渗碳体　奥氏体　珠光体　珠光体　渗碳体
低温莱氏体

二、判断题

1. ×　2. √　3. ×　4. ×　5. √　6. ×　7. ×

三、选择题

1. B　A　2. C　3. A

§3-3　铁碳合金相图

一、填空题

1. 成分　状态　组织　温度
2. 0.021 8%　2.11%
3. 铁素体　珠光体　珠光体　珠光体　二次渗碳体
4. 铁素体　渗碳体　珠光体

二、判断题

1. ×　2. ×　3. √　4. √

三、选择题

1. B　2. B　3. C　4. C　A　B　5. C　6. C、D、B　7. A
8. B

四、名词解释

1. 答：在保持温度不变的条件下，从一个液相中同时结晶出两种固相，这种转变称为共晶转变。

2. 答：在保持温度不变的条件下，从一个固相中同时析出两个固相，这种转变称为共析转变。

五、思考与练习

1. 答：简化后的 Fe – Fe$_3$C 相图。

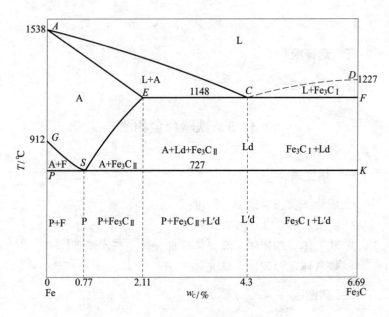

2. 答：根据 Fe – Fe$_3$C 相图填写下表。

特性点	温度/℃	含碳量/%	含义
A	1 538	0	纯铁的熔点
E	1 148	2.11	碳在奥氏体（γ – Fe）中的最大溶解度点
G	912	0	纯铁的同素异构转变点，α – Fe $\rightleftharpoons$ γ – Fe
C	1 148	4.3	共晶点，L $\rightleftharpoons$ Ld(A + Fe$_3$C)
S	727	0.77	共析点，A $\rightleftharpoons$ P(F + Fe$_3$C)
D	1 227	6.69	渗碳体的熔点

特性线	含义
ACD	液相线，此线之上为液相区域，线上点为对应不同成分合金的结晶开始温度
ECF	共晶线，$L \rightleftharpoons Ld(A + Fe_3C)$
PSK	共析线，也称 A_1 线，$A \rightleftharpoons P(F + Fe_3C)$
AECF	固相线，此线之下为固相区域，线上点为对应不同成分合金的结晶终了温度
GS	A_3 线，冷却时从不同含碳量的奥氏体中析出铁素体的开始线
ES	A_{cm} 线，碳在奥氏体中的溶解度曲线

3. 答：（1）由相图可知，随含碳量增加，钢中的硬质相渗碳体的比例随之增加，所以含碳量 1% 的铁碳合金比含碳量 0.5% 的铁碳合金硬度高。

（2）由相图可知，当把钢加热到 1 000～1 250 ℃，其组织恰好处于单一的奥氏体状态，此时钢材的塑性好，塑性抗力小，最适合进行锻轧加工。

（3）由相图可知，靠近共晶成分的铁碳合金的结晶温度区间较小，结晶温度最低，所以流动性好，且结晶时不易出现偏析现象。

4. 答：因为白口铸铁中的基本相主要是渗碳体，又硬又脆，很难进行切削加工，所以一般不能直接作为机加工零件的材料，但铸造犁、铧等农具则可以很好地利用其硬度高、耐用磨性好的这一优点。

§3-4 观察铁碳合金的平衡组织（试验）

1. 答：(1) 使用中不允许有剧烈振动，调焦时不要用力过大，以免损坏物镜。装取目镜、物镜时要拿稳。

(2) 镜头不能用手、纸或布等擦拭，若有脏物应用脱脂纱布蘸少许二甲苯轻轻擦拭。

(3) 显微镜照明光源是低压灯泡，因此必须使用低压变压器，不得将其直接插在 220 V 电源上，以免烧坏灯泡。

2. 答：（略）。

第四章　非　合　金　钢

§4-1　杂质元素对非合金钢性能的影响

一、填空题

1. 非合金钢　低合金钢　合金钢
2. 平炉炼钢　转炉炼钢　电炉炼钢
3. 纯净程度　纯净程度
4. 锰铁　硅铁　铝
5. 铁　碳　硅　锰　硫　磷
6. 4 cm^3/100 g　氢脆

二、判断题

1. √　2. √　3. ×　4. ×　5. √　6. √　7. √　8. √

三、选择题

1. A　2. B　3. C　4. A　5. B　6. A　7. A　8. B

四、名词解释

1. 答：硫是钢中的有害元素，常以 FeS 的形式存在。FeS 与 Fe 形成低熔点的共晶体，熔点为 985 ℃，分布在晶界，当钢材在 1 000～1 200 ℃ 进行压力加工时，共晶体熔化，使钢材变脆，这种现象称为热脆性。

2. 答：磷也是钢中的有害元素，它使钢在低温时变脆，这种现象称为冷脆性。

3. 答：当氢含量超过 4 $cm^3/100$ g 时，钢的塑性近乎丧失，这种现象称为氢脆。

五、思考与练习

1. 答：主要有硅、锰、硫、磷、氧、氮、氢等元素。其中硅、锰是有益元素；硫、磷、氧、氮、氢是有害元素。

2. 答：目前生产中采用的炼钢方法有平炉炼钢、转炉炼钢和电炉炼钢等几种；相对来说，电炉炼钢的纯净度最高，因而其力学性能也最好。

§4-2 非合金钢的分类

一、填空题

1. 低碳钢 中碳钢 高碳钢

2. 普通非合金钢 优质非合金钢 特殊质量非合金钢

3. 碳素结构钢 碳素工具钢

4. 沸腾钢 镇静钢 特殊镇静钢

5. ≤0.25% 0.25%～0.6% ≥0.60%

6. 碳素结构钢 碳素钢筋钢 铁道用钢

7. 机械结构用优质非合金钢 工程结构用非合金钢 冲压

薄板的低碳结构钢　造船用非合金钢　焊条用非合金钢　优质铸造非合金钢

8. 保证淬透性的非合金钢　航空和兵器等专用非合金钢　碳素弹簧钢　碳素工具钢等

二、判断题

1. √　2. √　3. ×　4. √　5. √　6. ×

三、名词解释

1. 答：指生产过程中不需要特别控制质量的钢。

2. 答：指除普通非合金钢和特殊质量非合金钢以外的非合金钢，在生产过程中需要特别控制质量，如控制晶粒度，降低硫与磷的含量，改善表面质量或增加工艺控制等。

3. 答：指在生产过程中需要特别严格控制质量和性能的非合金钢，如控制淬透性和纯洁度，钢中 S、P 杂质最少。

四、思考与练习

答：非合金钢的分类方法很多，最常见的是按钢的含碳量、质量等级和用途来分。

（1）按非合金钢的含碳量可分为低碳钢、中碳钢、高碳钢。

（2）按非合金钢的质量等级可分为普通非合金钢、优质非合金钢、特殊质量非合金钢。

（3）按非合金钢的用途可分为碳素结构钢、碳素工具钢。

§4-3　非合金钢的牌号与用途

一、填空题

1. 汉语拼音　化学元素符号　阿拉伯数字

2. A   D

3. 沸腾钢　镇静钢　特殊镇静钢

4. 碳素结构　中碳　优质碳素

5. 碳素工具　高碳　特殊质量碳素

6. 碳素结构　普通碳素

二、判断题

1. ×　2. √　3. ×　4. √　5. ×　6. √　7. √　8. √
9. ×　10. √

三、选择题

1. A　2. B　3. C　4. A、C、B　5. A、C、B　6. C

四、名词解释

1. 08：平均含碳量为 0.08% 的优质碳素结构钢。

2. 45：平均含碳量为 0.45% 的优质碳素结构钢。

3. 65Mn：平均含碳量为 0.65%、具有较高含锰量的优质碳素结构钢。

4. T12A：平均含碳量为 1.2% 的高级优质碳素工具钢。

5. ZG340 – 640：屈服强度不小于 340 MPa、抗拉强度不小于 640 MPa 的铸造碳钢。

6. Q235AF：屈服强度不小于 235 MPa、质量等级为 A 级、脱氧状态不完全（沸腾钢）的碳素结构钢。

五、思考与练习

答案（略）。

六、分析题

1. 答：Q235AF　25

2. 答：65Mn　T10A

3. 答：ZG270 – 500　45

4. 答：1、2、3、4、5、6　0.35% ~0.40%

§4 – 4　低碳钢与高碳钢的冲击试验

1. 答：试样严格按 GB/T 229—2020 制作，其尺寸和偏差应符合规定要求。试样缺口底部应光滑，没有与缺口轴线平行的明显划痕。毛坯切取和试样加工过程中，不应产生加工硬化或受热影响而改变金属材料的冲击性能。

2. 答：（1）试验数据至少应保留小数点后一位有效数字。

（2）如果试验的试样未被完全打断，则可能是由于试验机打击能量不足而引起的，因此，应在试验数据 KU_2 或 KU_8，或者 KV_2 或 KV_8 前加"＞"符号；其他情况引起的则应注明"未打断"字样。

（3）试验过程中遇有下列情况之一时，试验数据无效：操作有误；试样打断时有卡锤现象；试样断口有明显淬火裂纹且试验数据明显偏低。

3. 答：（略）。

4. 答：（略）。

第五章　钢的热处理

§5 – 1　热处理的原理与分类

一、填空题

1. 固态　加热　保温　冷却　组织结构

2. 同素异构转变

3. 整体 表面 化学

4. 形状 尺寸 性能

二、思考与练习

答：热处理工艺曲线如下图。

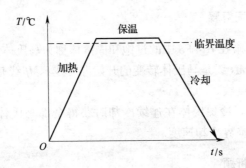

§5－2 钢在加热与冷却时的组织转变

一、填空题

1. 形核 晶粒长大

2. 加热温度 保温时间

3. 珠光体型转变 贝氏体型转变 马氏体型转变

4. 越细 强度 硬度

5. 上贝氏体 下贝氏体 下贝氏体

6. 临界冷却速度 $v_{临}$ Ms

7. 铁的晶格 碳原子的扩散 碳 $\alpha-Fe$ 过饱和

8. 针状 硬度高而脆性大 板条状 强度 韧性

9. 含碳量 含碳量

二、判断题

1. × 　2. √ 　3. × 　4. × 　5. √ 　6. ×

三、选择题

1. C 　2. B

四、名词解释

1. 答：碳在 $\alpha - Fe$ 中的过饱和固溶体称为马氏体。

2. 答：Ms 线是马氏体转变的开始温度线；Mf 线是马氏体转变的终了温度线。

3. 答：过冷奥氏体在连续冷却时获得全部马氏体的最小冷却速度称为临界冷却速度。

五、分析题

1. 答：（1）b、a、d、c

（2）未溶渗碳体　奥氏体　片状渗碳体　铁素体

（3）高温下晶界处的原子极易扩散

（4）b　a

2. 答：（1）珠光体　索氏体　马氏体

（2）临界冷却速度　马氏体

（3）马氏体转变的开始温度　-50 ℃

（4）过冷奥氏体 + 马氏体

§5 –3 　热处理的基本方法

一、填空题

1. 完全退火　球化退火　去应力退火

2. 正火　球化退火

3. A_1　组织　消除内应力

4. 油　水　盐水　碱水　增加　水　油

5. 单液淬火　双介质淬火　马氏体分级淬火　贝氏体等温淬火

6. 马氏体　强度　硬度　耐磨性

7. 氧化与脱碳　过热和过烧　变形与开裂　硬度不足软点

8. 回火处理　稳定组织　消除内应力

9. 强度　硬度　塑性　韧性　低温回火　中温回火　高温回火

10. 淬火及高温回火相结合　综合力学性能

11. 170～230HBW　正火　球化退火

二、判断题

1. ×　2. √　3. ×　4. √　5. ×　6. √　7. √　8. √
9. √　10. ×　11. ×　12. √

三、选择题

1. A　2. C　A　3. C　4. B　5. A　6. A　7. B　8. C　9. B

四、名词解释

1. 答：退火是指将钢加热到适当温度，保持一定时间，然后缓慢冷却（一般随炉冷却）的热处理工艺。

正火是指将钢加热到 Ac_3 或 Ac_{cm} 以上30～50 ℃，保温适当的时间后，在空气中冷却的工艺方法。

2. 答：将钢件加热到 Ac_3 或 Ac_1 以上的适当温度，经保温后快速冷却（冷却速度大于 $v_临$），以获得马氏体或下贝氏体组织的热处理工艺称为淬火。

将淬火后的钢重新加热到 Ac_1 以下的某一温度，保温一定时间，然后冷却到室温的热处理工艺称为回火。

3. 答：淬透性是指在规定条件下，钢在淬火冷却时获得马氏体组织深度的能力。

淬硬性是指钢在理想的淬火条件下，获得马氏体后所能达到的最高硬度。

五、思考与练习

1. 答：用工具钢制造的麻花钻通常是通过淬火加低温回火来达到其高硬度、高耐磨性的。若刃磨时不及时冷却，当温度过高时就会失去硬度（退火）。

2. 答：可通过完全退火改善其塑性后再进行成形工序，或采用边加热边弯折成形的方法，以避免因弯折成形时产生加工硬化而出现裂纹。

3. 答：可采用完全退火的方法来消除应力、降低硬度，以改善切削加工性能。

六、分析题

1. 答：（1）完全退火　中碳钢　低、中碳合金结构钢

（2）球化退火　共析钢及过共析钢

（3）去应力退火　内应力

（4）正火　网状渗碳体　①切削加工性能　②晶粒　③残余内应力　④完全退火　低碳钢的切削加工性能

（5）相同　正火

2. 答：（1）分级　等温

（2）心部　表面

（3）过冷奥氏体　等温转变

（4）马氏体和过冷奥氏体　下贝氏体

§5－4 钢的表面热处理与化学热处理

一、填空题

1. 火焰加热表面淬火 感应加热表面淬火 电接触表面加热淬火 激光加热表面淬火
2. 分解 吸收 扩散 渗碳 渗氮 碳氮共渗
3. 固体渗碳 盐浴渗碳 气体渗碳 气体渗碳
4. 气体渗氮 离子渗氮

二、判断题

1. × 2. √ 3. √ 4. √

三、选择题

1. C 2. A 3. C、B 4. B 5. B 6. C 7. A 8. B

四、名词解释

1. 答：渗碳是指将工件置于渗碳介质中加热并保温，使碳原子渗入工件表层的化学热处理工艺。其目的是提高钢件表层的含碳量。

2. 答：在一定温度下，使活性氮原子渗入工件表面的化学热处理工艺称为渗氮。渗氮的目的是提高零件表面的硬度、耐磨性、耐腐蚀性及疲劳强度。

§5－5 零件的热处理分析

一、填空题

1. 组织 力学性能 精度 工艺性能

2. 硬度　渗碳层深度　力学性能　金相组织

3. 预备热处理　最终热处理

二、思考与练习

1. 答：（1）轧制后对毛坯进行的热处理为预备热处理：先正火，消除毛坯的轧制应力，细化晶粒，消除网状渗碳体组织；再球化退火，降低材料硬度，改善切削加工性能，避免淬火加热时晶粒长大。

（2）机械加工后的热处理为最终热处理：局部淬火 + 低温回火。先将丝锥整体加热后，刃部浸入淬火介质中冷却，获得足够高的硬度，经低温回火，刃部硬度在 60HRC 以上；柄部淬火冷却时不浸入冷却介质，相当于空冷，以获得 35 ~ 40HRC 的硬度和足够的韧性。

2. 答：（1）锻造后进行的热处理是预备热处理，为正火 + 调质。

正火：消除毛坯的锻造应力；降低硬度，改善切削加工性能；均匀组织、细化晶粒，为以后的热处理做好组织上的准备。

调质：保证齿轮整体具有较高的综合力学性能，进一步改善半精加工和精加工的切削性能，调质后硬度应为 220 ~ 250HBW。

（2）在半精加工之后和精加工之前进行的热处理是最终热处理，是表面淬火 + 低温回火。

表面淬火 + 低温回火：采用高频淬火使齿轮齿廓表面获得针状马氏体，经低温回火后硬度应为 48 ~ 53HRC；心部保持调质后得到的回火索氏体组织，具有较高的强度和韧性。

三、分析题

1. 答：合金渗碳钢　正火

2. 答：渗碳　化学热处理

3. 答：淬火＋低温回火　空冷　油冷

4. 答：细针状回火马氏体＋颗粒状渗碳体

*§5-6　钢的热处理（试验）

1. 答：（略）。

2. 答：（略）。

3. 答：在回火加热过程中，随着组织的变化，钢的性能也随之发生改变。其变化规律是：随着加热温度的升高，钢的强度、硬度下降，而塑性、韧性提高。

*§5-7　参观热处理车间

答案（略）。

第六章　低合金钢与合金钢

§6-1　合金元素在钢中的作用

一、填空题

1. 强化铁素体　形成合金碳化物　细化晶粒　提高钢的淬透性　提高钢的回火稳定性

2. 钴　右　临界冷却速度　淬透性

3. 熔点　硬度　耐磨性

4. 钼　锰　铬　镍（Ni）　硼（B）

二、判断题

1. ×　2. ×　3. √　4. √　5. √　6. √

三、名词解释

1. 答：淬火钢在回火时抵抗软化的能力称为钢的回火稳定性。
2. 答：金属材料在高温下保持高硬度的能力称为红硬性。

§6-2 低合金钢与合金钢的分类和牌号

一、填空题

1. 普通质量低合金钢　优质低合金钢　特殊质量低合金钢
2. 优质合金钢　特殊质量合金钢　合金结构钢　合金工具钢　特殊性能钢
3. 含碳量　千分数　$\geqslant 1.0\%$
4. 千分数　百分数
5. 六个符号　拉丁字母　五位阿拉伯数字

二、判断题

1. √　2. ×　3. √　4. √　5. √　6. ×　7. ×　8. √

三、名词解释

1. 答：屈服强度不低于390 MPa、质量等级为 E 级的低合金高强度结构钢。
2. 答：平均含碳量为 0.4%、含铬量小于 1.5% 的合金结构钢。
3. 答：平均含碳量 1% 以上、含铬量为 1.5% 的滚动轴承钢。
4. 答：平均含碳量 1% 以上，铬、钨、锰含量均小于 1.5% 的合金工具钢。
5. 答：平均含碳量 1% 以上、含铬量为 12% 的合金工具钢。

6. 答：平均含碳量不大于 0.15% 、含铬量为 13% 的铬不锈钢。

7. 答：平均含碳量为 0.7% ~ 0.8% ，含钨量为 18% 、含铬量为 4% 以及含钒量小于 1.5% 的高速钢。

8. 答：平均含碳量不大于 0.08% ，含铬量为 19% 、含镍量为 10% 的铬镍不锈钢。

§6-3 低合金钢

一、填空题

1. ≤0.20%　塑性　韧性　焊接性能　热轧　正火
2. 强度　韧性　耐腐蚀性　焊接性
3. Q345　上屈服强度　10 ~ 15　Q355　Q345
4. 铜　铬　镍　高耐候钢　焊接耐候钢
5. 化学成分　生产工艺　性能
6. 焊接　冷弯　高温强度　耐碱性腐蚀　耐氧化

二、判断题

1. √　2. √　3. √　4. √　5. √　6. √

三、选择题

1. A　2. B　3. B　4. A

四、思考与练习

1. 答：低合金高强度结构钢中常加入的合金元素有锰（Mn）、硅（Si）、钛（Ti）、铌（Nb）、钒（V）、铝（Al）、铬（Cr）、氮（N）、镍（Ni）等。其中钒、钛、铝、铌元素是细化晶粒元素，其主要作用是在钢中形成细小的碳化物和氮化物，在金属相变时沿奥氏体晶界析出，形成细小弥散相，阻止晶粒长大，有效地防止钢过热，改善钢的强度，提高钢的韧性和抗层状撕裂性。

2. 答：低合金耐候钢是在低碳非合金钢的基础上加入少量铜、铬、镍等合金元素，使钢表面形成一层保护膜的钢。为了进一步改善耐候钢的性能，还可再添加微量的铌、钒、钛、钼、锆等其他能增加耐大气腐蚀性能的合金元素。

§6-4 合金结构钢

一、填空题

1. 合金渗碳钢 合金调质钢 合金弹簧钢 滚动轴承钢
2. 渗碳＋淬火＋低温回火 耐疲劳性 冲击载荷
3. 受力复杂 良好综合力学性能
4. 锰 硅 铬
5. 工具 耐磨
6. 球化退火 淬火＋低温回火

二、判断题

1. √ 2. √ 3. √ 4. × 5. × 6. √ 7. √ 8. ×

三、选择题

1. B 2. C 3. A 4. A 5. A 6. B 7. AD、BC 8. B、A、C、D

四、名词解释

1. 答：平均含碳量为 0.20%，铬、锰、钛平均含量均小于 1.5% 的合金渗碳钢。

2. 答：平均含碳量为 0.38%，铬、钼、铝平均含量均小于 1.5% 的高级优质合金调质钢。

3. 答：平均含碳量为 0.5%，铬、钒平均含量均小于 1.5%

的高级优质合金弹簧钢。

4. 答：平均含碳量为 0.6%、硅平均含量为 2%、锰平均含量小于 1.5% 的合金弹簧钢。

5. 答：平均含碳量 1% 以上，铬平均含量为 1.5%，硅、锰平均含量均小于 1.5% 的滚动轴承钢。

五、分析题

1. 答：GCr15、60Si2Mn、40Cr、20CrMnTi、Q390

2. 答：低温　回火马氏体 + 细颗粒状碳化物

3. 答：高温　回火索氏体

4. 答：合金渗碳钢　滚动轴承钢　20CrMnTi 渗碳后再淬火 + 低温回火达到外硬内韧

§6-5　合金工具钢

一、填空题

1. 合金刃具钢　合金模具钢　合金量具钢

2. CrWMn　低速刀具

3. 红硬性　耐磨性　切削速度较高　形状复杂

4. 冷作模具钢　热作模具钢

5. 200 ℃　300 ℃　600 ℃

二、判断题

1. ×　2. √　3. ×　4. ×　5. √　6. ×　7. √　8. ×　9. ×　10. √

三、选择题

1. A　2. C　3. B　4. C　5. A、B、C　6. A、E、B、D、C

四、分析题

1. 答：W18Cr4V　W6Mo5Cr4V2
2. 答：红硬性　油　马氏体 + 残余奥氏体 + 合金碳化物
3. 答：回火马氏体 + 细颗粒状合金碳化物
4. 答：高合金钢　高碳钢

§6 - 6　特殊性能钢

一、填空题

1. 硬度　耐磨性　耐腐蚀性
2. 铬　铬镍　铬锰　奥氏体　马氏体　铁素体
3. 压力　冲击　硬化

二、判断题

1. √　2. √　3. √　4. ×　5. √　6. ×　7. ×　8. √
9. ×

三、选择题

1. C　2. ABC、AB　3. C、B、A　4. B

四、名词解释

1. 答：含碳量为 0.16% ~ 0.25%、含铬量为 13% 的铬不锈钢。

2. 答：含碳量为 0.9% ~ 1.4%、含锰量为 11% ~ 14% 的耐磨钢。

3. 答：含碳量不大于 0.12%、含铬量为 17% 的铬不锈钢。

4. 答：含碳量为 0.36% ~ 0.45% 、含铬量为 13% 的铬不锈钢。

5. 答：含碳量不大于 0.08% 、含铬量为 19% 、含镍量为 10% 、含氮量小于 1.5% 的铬镍不锈钢。

五、思考与练习

1. 答：

类别	含碳量	典型牌号	最终热处理方法	主要用途
合金渗碳钢	0.10% ~ 0.25%	20CrMnTi	渗碳 + 淬火 + 低温回火	变速齿轮、凸轮
合金调质钢	0.25% ~ 0.50%	40Cr	淬火 + 高温回火	主轴等复杂受力件
合金弹簧钢	0.45% ~ 0.7%	60Si2Mn	淬火 + 中温回火	弹簧等弹性零件
滚动轴承钢	0.95% ~ 1.15%	GCr15	淬火 + 低温回火	滚动轴承
高速钢	0.7% ~ 1.5%	W18Cr4V	高温淬火 + 多次高温回火	铣刀、拉刀等切削速度较高、形状较复杂的刀具
热作模具钢	0.3% ~ 0.6%	5CrMnMo	淬火 + 中温回火	热锻模
耐磨钢	0.9% ~ 1.4%	ZG120Mn13	水韧处理	履带等在强烈冲击载荷作用下工作的零件

2. 答：06Cr19Ni10N 为奥氏体不锈钢，具有抗磁性，所以只用磁铁即可容易地将两种不同材料的零件分开。

六、分析题

1. 答：30Cr13　10Cr17
2. 答：42Cr9Si2　ZG120Mn13
3. 答：06Cr18Ni11Nb　10Cr17　12Cr18Ni9
4. 答：ZG120Mn13　铸造

*§6-7　钢的火花鉴别（试验）

1. 答：生产中常常通过火花来鉴别钢号混杂的钢材、非合金钢的含碳量、钢材表层的脱碳情况、材料中所含合金元素的类别等。

2. 答：在旋转着的砂轮上打磨钢试样，试样上脱落下来的钢屑在惯性作用下飞溅出来，形成一道道或长或短、或连续或间断的火花射线（主流线），根据试样与砂轮的接触压力不同、钢的成分不同，火花射线也各不相同。全部射线组成火花束。飞溅钢屑达到高温时，钢和钢中伴生元素（特别是碳、硅和锰）在空气中烧掉。因为碳的氧化物 CO 和 CO_2 是气体，这些小的赤热微粒在离开砂轮一定距离时产生类似于爆炸的现象，便爆裂成火花，因此可根据流线和火花的特征来鉴别钢材的成分。

3. 答：（1）操作砂轮机时，戴上无色平光眼镜，站在砂轮机侧面。

（2）试样与砂轮接触时，压力大小要适中，这样才能正确判断火花特征。

（3）鉴别时应避免其他光线照射，要做多方面的辨识，才会得到较正确的结论。

4. 答：（略）。

第七章　铸　　铁

§7-1　铸铁的组织与分类

一、填空题

1. 大于2.11%　渗碳体　石墨
2. 石墨化　奥氏体　渗碳体　渗碳体
3. 基体　形态　数量　大小
4. 石墨　连续性　铸造性能　切削加工性能　消声　减振　耐压　耐磨
5. 灰口铸铁　白口铸铁　麻口铸铁
6. 灰　可锻　球墨　蠕墨

二、判断题

1. ×　2. ×　3. √

三、思考与练习

答：灰铸铁中含有大量片状的石墨，这些松软的石墨像微小的裂纹割裂了基体，破坏了基体的连续性，所以切削灰铸铁毛坯的工件时不会产生连续的带状或节状切屑，而是产生崩碎切屑。这样大大减少了切屑与刀具的摩擦，减少了切削热的产生。另外，切削时脱落的石墨本身具有很好的润滑作用；若加切削液，脱落的石墨与切削液混在一起还会带入机床冷却系统和溅在机床导轨等运动表面上，从而加剧运动副间的磨损、损坏机床自身的精度。

§7-2 常用铸铁

一、填空题

1. 数量 大小 分布 珠光体
2. 铸造成白口铸铁件 石墨化退火
3. 基体的组织 石墨 数量 形态 分布
4. 球墨铸铁 热处理
5. 球状 割裂基体 应力集中
6. 碳 硅
7. 球墨铸铁 抗拉强度 伸长率

二、判断题

1. √ 2. √ 3. √ 4. √ 5. √ 6. × 7. ×

三、选择题

1. B 2. B、A、C 3. A、B、C 4. A

四、名词解释

1. 答：最小抗拉强度为 250 MPa 的灰铸铁。

2. 答：最小抗拉强度为 350 MPa、最小伸长率为 10% 的黑心可锻铸铁。

3. 答：最小抗拉强度为 500 MPa、最小伸长率为 4% 的珠光体可锻铸铁。

4. 答：最小抗拉强度为 600 MPa、最小伸长率为 2% 的球墨铸铁。

五、思考与练习

答：由于铸铁锅通常较薄，铸后冷却较快，这样新买的铸铁锅的组织往往为白口铸铁组织，硬而脆，所以炒菜时声音特别刺耳；但用了一段时间后，由于其长时间在高温下加热，组织中的渗碳体逐渐分解析出团絮状石墨，从而变成了可锻铸铁，硬度降低了，韧性提高了，所以炒菜时的声音也就不再那么刺耳了。

六、分析题

1. 答：灰铸铁　最低抗拉强度不小于 150 MPa
2. 答：RuT300　断后伸长率不小于 10%
3. 答：QT700 - 2　HT150
4. 答：KTH350 - 10　RuT300

﹡§7 - 3　铸铁的高温石墨化退火（试验）

1. 答：将铸件加热到共析温度以上，进行消除白口的软化退火即石墨化退火。

2. 答：影响铸铁石墨化的因素主要是铸铁的成分和冷却速度，通常铸铁中碳、硅含量越高，其内部析出的石墨量就越多，石墨片也越大；冷却速度越缓慢，石墨析出得越多、越充分。

3. 答：（略）。

第八章　有色金属与硬质合金

§8 - 1　铜与铜合金

一、填空题

1. 有色金属　非铁金属　铜　铝　钛

2. 高铜合金 黄铜 白铜 青铜 黄铜 白铜 黄铜 白铜 青铜

3. 单相 双相 单相 冷热变形 双相 热变形加工

4. 抗腐蚀性 仪器仪表 化工机械 医疗器械

二、判断题

1. √ 2. × 3. × 4. √ 5. √

三、选择题

A、D、B、C

四、名词解释

1. 答：2 号工业纯铜。

2. 答：平均含铜量为 68% 的普通压力加工黄铜。

3. 答：平均含铅量为 1%、平均含铜量为 59% 的压力加工铅黄铜。

4. 答：平均含铅量为 1%、平均含锡量为 10%、余量为铜的铸造锡青铜。

§8-2 铝与铝合金

一、填空题

1. 密度 熔点 导电性 导热性 低 抗大气腐蚀性能好好

2. 磁化率 非铁磁

3. 未压力加工产品 压力加工产品

4. 变形铝合金 铸造铝合金

5. Al-Si Al-Cu Al-Mg Al-Zn

二、判断题

1. √ 2. × 3. × 4. √ 5. √

三、选择题

1. A、B、C、D、E 2. B、C

四、名词解释

1. 答：表示含铝量为 99.60% 的原始纯铝。
2. 答：表示以锌为主要合金元素的 4 号原始铝合金。
3. 答：表示 1 号铝 – 镁系铸造铝合金。
4. 答：表示以铜为主要合金元素的 50 号原始铝合金。
5. 答：表示以铜为主要合金元素的 12 号原始铝合金。
6. 答：表示以镁为主要合金元素的 2 号原始铝合金。

§8 – 3　钛与钛合金

一、填空题

1. 同素异构转变　密排六方　体心立方
2. 纯钛
3. α 型　α – β 型　β 型　α – β 型

二、判断题

1. √ 2. √ 3. √ 4. ×

三、选择题

1. B 2. C 3. A 4. B、A

答：在日常生活中使用的有色金属制品非常多，如铝壶、铝锅、铝型材门窗、钛合金的眼镜架及各类有色金属的装饰品等，它们大都具有耐腐蚀性好、美观、轻便等特点。

§8-4 滑动轴承合金

一、填空题

1. 轴颈 转动或摆动 轴承体 轴瓦
2. 硬质点 软质点
3. 基体金属元素 主要合金元素 名义百分含量
4. 锡基轴承合金 铅基轴承合金 铜基轴承合金 铝基轴承合金 巴氏合金
5. 锑 铜 锡基轴承合金

二、判断题

1. × 2. √ 3. √ 4. √ 5. √

三、选择题

1. B 2. B 3. C 4. A 5. B

四、名词解释

1. 答：平均含锑量为12%、含铅量为10%、含铜量为4%的锡基轴承合金。

2. 答：平均含锑量为16%、含锡量为16%、含铜量为2%的铅基轴承合金。

3. 答：平均含锡量为5%、含铅量为5%、含锌量为5%的铜基轴承合金。

4. 答：平均含锡量为 6%、含铜量为 1%、含镍量为 1% 的铝基轴承合金。

五、思考与练习

1. 答：（1）足够的强度和硬度，以承受轴颈较大的压力。

（2）足够的塑性和韧性，较高的抗疲劳强度，以承受轴颈周期性载荷，并抵抗冲击和振动。

（3）高的耐磨性和小的摩擦系数，并能储存润滑油。

（4）良好的磨合性，使其与轴能较快地紧密配合。

（5）良好的耐腐蚀性和耐热性，较小的膨胀系数，防止因摩擦升温而发生咬合。

2. 答：轴承在工作时，软的组织首先被磨损下凹，可储存润滑油，形成连续分布的油膜，硬的组织则起着支承轴颈的作用。这样，轴承与轴颈的实际接触面积大大减少，从而使轴颈、轴承的摩擦减少。

§8－5　硬　质　合　金

一、填空题

1. 硬碳化物　黏结剂　粉末冶金　红硬性高　耐磨性好抗压　抗弯　韧性

2. 切削工具用　地质、矿山工具用　耐磨零件用

3. P　M　K　N　S　H

二、判断题

1. ×　2. ×　3. √　4. ×

三、选择题

1. B　2. B、E、A　3. C　4. C

四、名词解释

1. 答：表示含钴量为 8% 的钨钴类硬质合金。

2. 答：表示含钴量为 6% 的细晶粒钨钴类硬质合金。

3. 答：表示含钴量为 11% 的粗晶粒钨钴类硬质合金。

4. 答：表示 TiC 含量为 15% 的钨钴钛类硬质合金。

5. 答：表示 2 号通用硬质合金。

五、思考与练习

答：不能。因为尽管硬质合金红硬性很好，但它的导热性很差，若在刃磨时剧冷，会造成内应力过大而导致开裂。

六、分析题

1. 答：普通黄铜　含铜量 90%

2. 答：YW2　H90

3. 答：LF21　ZCuZn38

4. 答：钨钛钽（钨钛铌）　通用硬质合金（万能硬质合金）

§8-6　常用有色金属与硬质合金的性能（试验）

答案（略）。

*第九章　国外金属材料牌号及新型工程材料简介

§9-1　国外常用金属材料的牌号

一、填空题

1. 国际标准化组织（ISO）　字母符号
2. 金属材料牌号的对照手册　资料

二、选择题

1. A　2. A

三、思考与练习

答：通过查阅教材附录Ⅳ各国常用钢铁牌号对照表可知：

Ck60 是从德国进口的，与我国国家标准对应的牌号是 60Mn。

D3 是从美国进口的，与我国国家标准对应的牌号是 Cr12。

SKH2 是从日本进口的，与我国国家标准对应的牌号是 W18Cr4V。

5140 是从美国进口的，与我国国家标准对应的牌号是 40Cr。

§9-2 新型工程材料

一、填空题

1. 高聚物材料　陶瓷材料　复合材料
2. 工艺性能　力学性能
3. 基体　增强体
4. 金属　非金属
5. 强度　抗腐蚀性　抗疲劳性　延展性
6. 抗拉强度　抗拉弹性模量
7. 抗化学试剂侵蚀性　抗老化性　高频声呐透过性　耐海水腐蚀性

二、选择题

1. A　2. A　3. B　4. A